材料与造物智慧

Materials and Making

时翀　彭怡　钟敏　著

U0224037

化学工业出版社

·北京·

本书围绕"造物"概念以及不同时代其内涵与外延的变化进行分析探索，以理论与应用案例分析的方式呈现当代造物的多元可能性。全书共3章。第1章介绍造物及造物观念的演变，以及当代造物所面临的新的交叉学科语境；第2章阐述当代造物的多元化发展——当代手工造物、机械造物、生化造物、智能造物；第3章从材料上，呈现传统造物材料、人工合成材料、新型材料在当代造物中的可能性。本书意在打破艺术、设计与手工艺之间的传统学科界限，以"造物"的视角重新审视材料、技术、艺术设计观念之间的批判性联系，为产品设计、工业设计、手工艺术设计学科提供一个跨专业的视角。

本书可作为手工艺、产品设计从业者的参考用书，也可用于产品设计、工业设计、工艺美术专业的教学。

图书在版编目（CIP）数据

材料与造物智慧/时翀，彭怡，钟敏著．—北京：化学工业出版社，2020.6

（汇设计丛书）

ISBN 978-7-122-36447-0

Ⅰ．①材… Ⅱ．①时…②彭…③钟… Ⅲ．①产品设计-研究 Ⅳ．①TB472

中国版本图书馆CIP数据核字（2020）第043404号

责任编辑：张　阳　　　　　　　　　　装帧设计：王晓宇
责任校对：王　静

出版发行：化学工业出版社（北京市东城区青年湖南街13号　邮政编码100011）
印　　装：天津画中画印刷有限公司
787mm×1092mm　1/16　印张8　字数123千字　2020年7月北京第1版第1次印刷

购书咨询：010-64518888　　　　　　售后服务：010-64518899
网　　址：http://www.cip.com.cn
凡购买本书，如有缺损质量问题，本社销售中心负责调换。

定　　价：59.80元　　　　　　　　　　　　版权所有　违者必究

在中国传统工艺语境下，设计一词最早被称为"造物"，而现代设计与传统工艺巨大的不同使"造物"这一概念逐渐演化——从"工艺美术"到"艺术设计"学科。

在西方，"造物人"一词来自20世纪90年代，当"手工艺"被推向智力生活的边缘地带，很多手工艺人倾向于称自己为"造物人"（maker，object maker）或者"工作室艺术家"（studio artist），从而脱离传统手工艺人的标签，强调造物本身所带有的智性思考。而所谓造物中的"物体"（object）这一模棱两可的概念，也产生于对"手工艺"一词充满折中意味的替换，比如1994年美国成立的SOFA博览会，全称为"雕塑、物体，与功能性艺术"（Sculpture Object & Functional Art），10年后，英国手工艺委员会成立的COLLECT（收藏）艺博会，全称为"收藏——当代物体国际艺术博览会"（Collect International Art Fair for Contemporary Objects）。这两个博览会的共同特征均是呈现大量当代手工艺作品，这些作品在艺术与设计领域被广泛讨论。

因此，在全球化的当下，不论是中方还是西方，"造物"这一概念虽然都源于手工艺，但同时都发展出与艺术、设计千丝万缕的联系，或者说"造物"一词便是这三个领域的一种概括。在此背景下，我们撰写了本书。全书共3章，第1章将从历史入手，讨论造物以及造物观念的演变，同时介绍当代造物所面临的新的交叉学科语境，为全书背景的介绍。第2章从生产机制的角度，分别介绍和探讨手工造物、机械造物、生化造物以及智能造物的理论知识与应用案例分析。其特点是，从工艺入手，打破学科之间的壁垒，能够综合、清晰地展现各种造物方式与产出之间的逻辑关系，以及这种造物方式的背景与影响。同时，对当代手工造物与纯艺术之间关系的讨论也是本书的与众不同之处。第3章主要讨论当代造物所出现的材料——传统造物材料、人工合成材料、新型材料及其相关创作可能性。这部分将介绍每种材料的加工工艺以及相关应用案例分析。其特点是，讨论范围从手工艺材料到机械化工材料，全面展现造物材料的丰富性，同时，本书不仅讨论每种材料自身的物理及化学性质在造物中的应用，也介绍其符号意义作为艺术语言的表达，同时强调材料形而下和形而上的意义。

本书由时翀、彭怡、钟敏撰写。在出版之际，要特别感谢在本书撰写过程中张所家、王永乐、赵茗、杨梦、张淼、李蕤、徐思瑾、Hans Stofer、Chris Knight、Maria Hanson等专家及产业实践者的启发、帮助与指导。书中难免有不足之处，欢迎读者批评指正。

著者

2020年2月

目录

CONTENTS

03 Chapter 第三章

材料与当代造物 / 051

第一章

造 物 之 旅

Materials and Making

1.1 造物的起源

在西方语境下，"造物"的概念出于一种神格化的行为，上帝造物与创世纪的神话渗透于一切文化艺术领域。而在东方民族的观念中，尤其在中华民族的文化传统中，"造物"行为是一种"人"的力量的显现。

当西方的亚当和夏娃在伊甸园中相爱时，中华民族的祖先女娲正在水塘边的树荫下用黄土和泥，照着她自己的模样塑造中国人。当人们说起"我们从黄土中来，最终还是要回到黄土中去，入土为安"时，这似乎已经道出中华民族的造物起源。人们称第一个效仿鸟儿筑巢以躲避猛兽袭击的人为"有巢氏"；把第一个教大家播种粮食，在自然环境中生存的人叫作"神农氏"；第一个发明用火制作熟食的人，人们称其为"燧人氏"。人们感谢这些创造者，拥护他们作为部落的首领，并称为"圣人"。有了文字记事之后，专门记录春秋战国时期手工业各工种规范与制造工艺的《考工记》中提到"知者创物，巧者述之守之，世谓之工。百工之事，皆圣人之作也。"这里的"知者"通"智者"，即有智慧的圣人。

《考工记》诞生于春秋战国时期，约在公元前5世纪。就在这一时期，柏拉图在《理想国》中提到了艺术的模仿所带来的弊端。他说道，世界其实分为上界和现实界，现实中的任何一个事物都有一个理念来自上界，而现实界的物体都是来自对上界理念的模仿。进而他说道，画家描绘的床依据的是匠人制作的床，只能看而不能真正使用；而匠人制作的床是实在的，那么木匠才是根据神的旨意制造出实在的床。因此，绘画艺术与神赋予的本质相隔两层，木匠制作的床是实在的，神所创造的床是本质的，神才是一切的造物之主。

由此，可以看出，两千五百年前，"造物"这一概念就被地球两端的哲人所思考，古希腊将造物归为神的创造，而中华民族更加相信是"智者"创造了不同的物品，后者也被学者认为是东方民族意识形态的历史特征。因此，当从起源的角度来谈论"造物"时，从古至今、从东方到西方所谈论的都不仅仅是物本身，还包括人们为什么造物、如何造物以及其背后的生活方式、社会发展以及人类文明进程的相关命题。

1.2　艺术史中的造物

在历史上，从艺术分类的角度，"造物艺术"一直附属于"造型艺术"。在古典美学或艺术学中，带有"实用性"的艺术一直没有被艺术史所真正关注。手工艺在"造型艺术"与"造物艺术"之间起到了关键的作用。在《手工艺的故事》一书中，爱德华·路西·史密斯讲述了发生在手工艺史中的两个重要里程碑，而这两个里程碑至今还影响着我们对于手工艺的态度。第一个里程碑出现在16世纪文艺复兴时期，艺术与手工开始断裂，艺术被认为是一种智性活动，而手工艺被当成一种劳作。第二个里程碑在19世纪，工业革命使制作者与设计者产生分化，传统手工艺与工业化生产方式再次出现分野。之后经历工艺美术运动、新艺术运动、装饰艺术、现代主义运动、工作室手工艺运动等思想与运动，与"造型艺术"相对的"造物艺术"变为多线发展，并且衍生出多个艺术学科上的分类。因此，讨论造物艺术是不是艺术、造物艺术与非造物艺术的界限变成困扰学术界的"公案"。

目前，从学术界达成广泛共识的关于造物的讨论范围上看，造物艺术是运用一定的物质材料，凭借一定的技术手段，创造出具有实用性、审美性的物质产品。因此，不论是传统生产方式还是现代生产方式，它们应当统一成一个完整的"造物艺术"概念。而当人们谈论"造物"时，所谈论的正是基于物质材料与技术手段所创造出的实用性、审美性的产品，从而引发人们对生活方式、社会发展以及人类文明进程上的思考。就造物艺术的内涵而言，其实涵盖多个外延概念，它们同时发展并相互融合。而这些发展与融合其实也是文化价值观不断变化的重要折射。正如格林哈尔的研究表明，我们所创造的物品或技术不仅仅是它本身，而是我们文化价值观的体现。

1.3　嬗变之路——从手工艺到造物

无论是在中国还是在西方，"工艺美术"的概念都来源于19世纪末的英国工艺美术运动。在西方，手工艺与设计的分离出现在20世纪20年代。中国现代设计与手工艺的分离则是在20世纪80年代。而手工艺从设计中的这种分离也将手工艺从与美学领域、实用事业中分离至文化的"飞地"。正如王受之在《世界现代设计史》中所谈到的，任何一种单纯的艺术活动都是非常个人化的，是艺术家个人的表现，而设计则是为他人服务的活动。艺术与设计的这种划分也能折射出手工艺在这两个领域中的边缘化位置。

19世纪末，英国工艺美术运动提出艺术与手工艺的结合。约翰·拉斯金发出"艺术家成为某一方面的手工艺人、手工艺人成为某一方面的艺术家"的号召，其一部分原因是机械批量化生产所带来的设计水平下降。他的号召得到了以威廉·莫里斯及其追随者为核心力量的"艺术家-手工艺人"群体的支持。到了20世纪中叶的英国，"艺术家-手工艺人"群体开始分化，钟表制作、工具制作等"商业手工艺"被排除在外，进而专门强调"美术领域的设计师-手工艺人"。20世纪五六十年代"工作室手工艺运动"在英国兴起，手工艺运动趋于在纯艺术领域探索。这个运动的倡导者认为手工艺与纯艺术没有本质区别，该理念导致大量作品重创意轻技艺、重形式而轻功能。在这种背景下，英国的手工艺界针对实用功能的回归，又越发清晰地分化出了"艺术家手工艺人"与"设计师手工艺人"两个群体。20世纪八九十年代，西方手工艺界越来越多的人试图通过更换"手工艺"这个词来表示自己并不受传统手工艺的局限，他们开始倾向于称自己为"造物人""工作室艺术家""设计师-造物人"。

1.4　造物的新语境

就造物艺术的谈论范围来看，在当代语境下，关于造物艺术的讨论将涵盖艺术、设计、手工艺等学科相关的理论知识与发展历史。而就其内涵来看，从造物技术和造物材料来呈现、讨论，可在多元化发展的造物艺术中整理出一条清晰的线索，从而将相关的文化与社会内涵有机地渗入每一个讨论板块中。就造物技术而言，当代的主要造物手段包括手工造物、机械造物、智能造物、生化造物。就造物材料而言则包括传统材料、综合材料、人工合成材料以及新型材料。然而值得注意的是，这两个角度绝不是相互孤立的，恰恰相反，它们相互且有机地交叉在一起，因为任何一个人造物品都离不开这两个因素。

第二章

当代造物的多元化发展

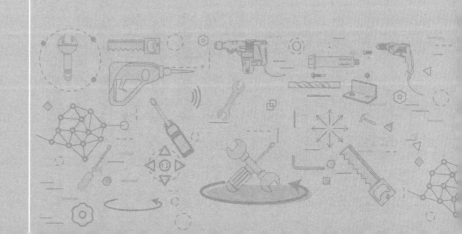

2.1 当代手工造物

2.1.1 从传统手工造物汲取人文价值

"中国传统工艺振兴计划"强调传统工艺蕴含着中华民族的文化价值观念、思想智慧和实践经验，是我国非物质文化遗产的重要组成部分。在中国的传统哲学理念中，"技以载道"就是基本命题之一。同样在西方，根据格林哈等人的研究，人们所使用和制作的物品和技术并非中性的，而是自身文化价值观的体现。我们可以看出，不论是工艺还是通过工艺所创造的人造物，与其所在的文化语境之间都有着内在联系。因此，如果想了解一个文化语境中广阔无边的思想内涵，便可以从"技"入手，逐步分析。这也是传统手工造物所承载的人文价值，是我们文化观念的物质载体。

作为农耕文明古国，农耕文化深深地影响着中国人对手工艺的态度。"男耕女织""日出而作，日落而息"，所有的手工艺在最初始的状态下都与实用、朴素、温情，以及农业文明的智慧相关。即便是在宫廷工艺和文人工艺的语境中，中国的传统手工艺仍然保持着这样的风格。它的装饰强调以自然经济方式下的山水、动物、植物为主，人类活动是手工艺品纹样和装饰插图的主体内容，充满着乐观向上的精神。"玩物丧志""奇技淫巧"正说明在中国传统伦理学影响下，手工艺的功能主义发展方向。接下来，我们主要从两个维度——人与物的关系、造物原则，来具体分析中国传统手工艺中所折射的人文思想与智慧，同时对比西方的造物思想。

（1）人与物的关系

第一，造物的主体是人。"重己役物"是中国传统手工造物的智慧，它强调了对生命本体的重视，认为人与物关系中的主体是人，用现在的话来说是"以人为中心""以人为本"。就字面意思来看，我们并没有发觉这种思想在其他文化语境中会有什么不同，但是对于西方社会的造物史和商品化社会的今天却有非常重要的启示作用。

19世纪初，欧洲各国的工业革命都先后完成。机器生产的批量化降低了成本，带来了便宜的物品。很多人都赞美机器生产，为工业革命的成果所震撼并欢呼。但这时机器所生产的产品千篇一律，粗制滥造。人们开始由对机器的崇拜转向认为机械化批量生产抹杀了使用者的个性。当时市场上的产品总体上出现了两种倾向：一是工业产品外形简陋，没有个性；二是精美的手工造物仅仅为少数权贵服务，同时它们因与艺术和技术分离而导致繁琐俗气、华而不实。从制造流程的角度看，大批量生产中的流水线分工非常细致，人成为了机器的一部分，在整个制造过程中，制造者没有丝毫的乐趣可言。不像传统手工艺，每一次劳作都是人与自然、材料、时间的诗意对话。

由此可见，不论是从工业革命后出现的粗制滥造的工业造物产品，从同一时期华而不实、矫揉造作的手工造物物品，还是从制造生产过程中造物人所扮演的角色来看，人与物品关系中的主体都不再是人本身。因此，之后出现了威廉·莫里斯所倡导的工艺美术运动。

中国的传统工艺一开始就强调以人为中心。明末资本主义萌芽时期，中国早期的机械生产已经形成一定规模。当时的松江盛泽镇一带织布业非常发达，拥有5～10台织布机的人家已不占少数，同时，在生产模式上已经开始雇佣工人来分工操作。但是这种接近资本主义大工业的生产方式并没有像英国工业革命那样形成质的转变，本质原因是剩余价值并没有投入到生产中，因而难以引起纺织业革命性的变化。中国明代的织布业主们与农村有着千丝万缕的联系，使得他们将织布产业所产生的剩余价值用于农业生产和家族建设，比如买地、盖房、娶妻生子等。这种现象既反映出中国古代农业落后的一面，同时也折射出中国古代封建社会重视人的生活的本质，使得当时的人们并没有将机械化生产发展至极端而影响以人为主体的文化意识。这和古代"重己役物"的思想息息相关。而这种思想对商品化社会的今天仍然具有启示作用。

"消费社会"是指买卖在经济活动中起到重要作用的社会，也可以理解为像今天一样，一个物品高度丰富的社会。如果说以前人是被其他人所包围，那么在消费社会，人则是被无限的、流动性的物品所包围。在这样的情况下，人的社会行为举止和心理变化都受到物的影响和操纵。同时，随着电子信息技术和媒介的高度发展，人们的生活也通过虚拟媒介进一步被笼罩在无形的商品消费中而不自知。虽然这些媒介都声称是按照消费者的要求提供服务，而实际上人们的欲望却被无形地调动着，日益膨胀，主体已失去了自己的主动性，成为被操控的对象。我们甚至无法分清楚我们的消费行为是被自己的主观意愿还是被媒介中的商品所牵引，进而被动地引发了消费行为。正如法兰克福学派所言，现代资本主义社会的大批量生产的产品迫使人们不得不做出相同的选择，进而控制和操控他们的消费模式。阿多诺认为，消费者不是皇帝，也不是皇后，消费者反而受到了文化产业的欺骗和"束缚"；文化产业会告诉他们需要这种和那种商品，而不是由消费者自己决定。因此，从消费社会和被动消费的观念来看，不论是作为造物人还是消费者，在被物品所包围的今天，"重己役物"的思想都会给我们带来一定的反思。

第二，造物需为人服务。"致用利人"强调实用。春秋时期的思想家管仲曾经说过："古之良工，不劳其智巧以玩好，是故无用之物，守法者不失。"意思是说，古代那些高明工匠，是不会浪费智慧去做那些无用的玩物的，他们遵守而不违背这样一个原则。战国时期墨子也提出"利人乎即为；不利人乎即止"的观点，即有利于人的就做，反之就不做。由此，可以看出中国几千年的封建社会中，始终将讲究功能、关乎民生、保持人文关怀的物品当作工艺传统的主流。

"致用利人"这种价值判断至今还影响着我们。比如当我们有意向购买某一物品时，我们会下意识地反问自己：这有什么用？但这并不是所有文化的普遍价值观。比如德国哲学家康德提出了美的质的分析观点，认为，凭借与利益关系无关的主观感受（快感和反感）而感到对象令人愉悦，这种对象是美的。他强调美是一种主观的感受，而美感与利益关系是无关的。一般的感受都与利益关系有关，比如生理上的感受与欲望有关，它的满足称为快适；道德上的善，所带来的喜悦感也与利益关系相关，它是因理性设定的目标被实现后的结果。但是，我们认为一朵花是美的，它不涉及任何理性的目标，也不涉及生理上的满足，它与人没有任何的利益关系。在这样一种价值判断中，很多手工造物被归类为二流的艺术形式，因为大多数手工造物都与人有最基本的利益关系，那便是实用功能。

但是，法国社会学家皮埃尔·布尔迪厄（Pierre Bourdieu）通过将一张鹅卵石照片作为例子来阐述他的一个观点：绝大多数劳动阶级观众认为一张"鹅卵石照片"是在浪费胶卷，并斥之为"资产阶级摄影"，甚至劳动阶级人群不会把"纯美"运用于服装或者家居配饰等装饰中去。这种"纯美"指的就是康德哲学中那种"无利益关系"的美学观点。布尔迪厄认为劳动阶级人民希望每一个图像都要实现一种实用功能。同时，他将这种审美价值判断的不同用以识别不同的社会阶级。

因此，可以看出中国传统手工艺中蕴含的"致用利人"的核心思想有普遍民主主义精神。它强调民生而非指向任何社会阶级。这一点恰恰呼应了20世纪20年代在西方所兴起的现代主义设计运动。该运动有着明显的功能主义特征，强调功能为设计的核心，而不再是以形式为设计的出发点，讲究设计的科学性，重视设计实施时的科学性、方便性、经济效益和效率。在视觉形式上，现代主义提倡非装饰的简单几何造型；在材料上，它强调经济性。现代主义运动处于共产主义运动、资本主义国家垄断、法西斯主义大起大落的时期，希望能够通过设计推波助澜，促进社会的良性发展，利用设计提高人们的生活质量。不难看出，中国传统手工艺在很早的时候，就通过造物的价值趋向，来反映自身文化的民主精神。

（2）造物原则

第一，我们的造物传统强调与自然的相辅相成。"审曲面势"指的是工艺与材料的关系。从具体案例来看，这包括我们常常会利用和根据木材的特征、纹理来设计不同结构和造型；我们经常会根据玉石的"巧色"做出既顺应材料特征又体现一定功能的东西。从宏观方面来看，中国的传统手工艺强调材料、技术与实用功能之间的有效结合，这种原则可以使我们所创造的物品不会偏离所在的生活。同时，这也体现了传统手艺文化中，手艺人对自然、对材料的尊重。因此，我们可以看出，在我们的造物传统中，人们对材料的使用并不是一个单向的过程，我们善于观察材料向我们表达出的特质，并基于材料的表达进行创造；我们善于通过造物将材料的特质与日常的功能需求相连接；我们善于思考和建立人与自然材料的有机关联；我们每一个创作、制作的过程并非是人对材料的独白，而是人与材料的对话。

传统工艺文化中这种强调媒介与人共同作用的智慧与西方现代主义艺术有着相似之处。现代主义美学的一个核心基础是确定每一门艺术有其独特的本质，确定媒介的边界性，它们因此是不可取代、无法相互翻译的，它们各自在自身范围内具有独立自足性。这个观念的合法性论证来自康德哲学。康德把人的意识能力分为三个部分，分别是：认知理性、实践理性、判断力。认知理性负责认识，是科学知识的来源；实践理性负责实践行为，是伦理道德的来源；而判断力负责审美，是艺术活动的基础。这三个部分适用不同的原则和标准，互相不能取代和混用，例如知性的逻辑范畴不能用来推导意志伦理世界的事儿，也不能指导艺术创作，否则就会导致谬误。康德建立了边界的概念，各种意识功能要有效地起作用，就必须恪守自身独特的原则，不能越界。正是这种边界的概念，为现代主义关于艺术的独立自足性观念奠定了基础。

这种划界趋向最后导致艺术创造需要利用艺术媒介自身特质和边界的艺术思想。康德通过批判界定了各意识功能的界限范围，而格林伯格通过批判找到了艺术的落脚点——艺术语言，这是确定各门艺术界限的基础。格林伯格认为现代主义艺术源于康德的批判理论，其中提出要划定每一种意识功能乃至每一门学科适用的范围和边界的任务。每一种艺术都有其具体性，也应该通过批判的方法，去拷问"它何以可能"做到我们希望它做到的事，从而设定它的范围和边界。

比如现代主义艺术绘画，它取消对生活的模仿，倾向于抽象和平面化，所有这些巨大的改变都来自绘画艺术的自我批判。这种批判发现，绘画并不能做人们通常要求它做到的对生活形象的模仿，因为绘画受制于它的媒介材料，特别是它的平面化存在方式，而这些就是绘画说话的方式，绘画语言的特性决定了它能够做到的和无法做到的东西。所以，当我们划定一种艺术边界的时候，实际上就是在考虑它的语言特质。以前的绘画模仿着现实世界，它超出了自身的媒介范围，成为了其他事物的附庸和翻译。而现代艺术家需要利用绘画的平面性、画面边界、构成性、抽象性来进行艺术创作。

现代主义雕塑也是如此。现代主义雕塑家布朗库西在他的作品《吻》中，将石灰岩石块的"自然"直角取代了早期人像模型使用的30度-60度-90度三角轮廓。他发现形式的决定因素是材料，而无需担心违背他有关完整人像的中心理念。每一种材料都会产生一种特定的物体形态，这是在材料还未加工时就已经存在的形态，布朗库西认为造型需要结合材料已经存在的形态而不是单方面进行创作。这一点和中国工艺文化中玉石的工艺创作是相似的。

由此可以看出，"审曲面势"是从古代传承至今的思想，它来自人对自然材料的尊重，而在西方现代主义语境下，艺术家与材料媒介的相互作用则受现代主义划界思想所影响。

第二，我们习惯在造物中向自然学习。明代王世襄的漆艺专著《髹饰录》中明确提出了"巧法造化，质则人身，文象阴阳"。"巧法造化"强调造物者需要向自然学习，得到自然的启示，从而达到人与自然的和谐统一。中国古代有很多代表性的例子。比如古代灯具的设计采用了仿生技术，出现了模仿动物、植物、人物的仿生造型。模仿自然形态来造型是人类最早付诸行动的造型行为，如彩陶纹样、岩画、象形文字等。灯具的造型方式如出一辙，所以我们能够看到大量的动物形灯、人俑灯、树形灯等多种造型的灯具。传说鲁班被一撮茅草擦伤了手，他仔细观察茅草上的小齿，进而得到灵感发明了锯子。同时，鲁班与墨子比赛的飞鸢也是从自然中得到启发的。

而现代仿生学（bionics）一词是1960年由美国斯蒂尔根据拉丁文"bios（生命方式的意思）"和字尾"nic"创建的。这个词语大约从1961年才开始使用。因为某些生物具有的功能迄今比任何人工制造的机械都优越得多，所以仿生学就是要在工程上实现并有效地应用生物功能的一门学科。而由于现代科技的进步，我们越来越能够分析、利用仿生学的原理制造出更多适用于人类生存的产品。但是古代"巧法造化"与现代仿生学有一个明显的不同，古代"仿生"的意图很多关涉象征功能而不仅仅是实用功能，在象征性中包含了中国民间文化的精神内涵，这也是受中国古代农耕文明的影响。

第三，我们的造物活动需要承载思想。"技以载道"意思是技术包含着思想的因素，道器并举，把形而下的制造，如具体功能操作、技术劳动，和形而上的理论结合起来。同时，我们也可以把它理解为"道器"观念中，技术理性与人文情感之间的重要关系。在传统的民间造物艺术中，技术理性是其中重要的一方面，否则就难以有生产力的发展，然而与技术理性相伴随的还有民众的审美观点、伦理观念、情感因素、信仰观念、价值取向等多方面的人文情感因素。技术理性与人文情感的协调平衡、整体统一，是民间艺术造物活动的总体特征。虽然中国历史上的许多时候，道器观念有些倾斜，重道轻器思想流传甚广，但是在具体的民间日常生活中，精神性始终没有大过于实用性。

技术理性与人文情感的协调平衡、整体统一是中国传统手工艺的核心思想之一。在这一思想下，器物的精神性始终保持着适当的程度而没有"过度干涉"实用功能。而在西方，"工作室手工艺运动"自20世纪50年代兴起以来，对当代手工艺的发展产生了巨大的促进作用。在"工作室手工艺运动"参与者看来，手工艺与纯艺术之间没有明确的区别，而仅仅是艺术媒介不同。因此，当代的手工艺人应该更加向纯艺术家靠拢，而非传统意义上的手艺匠人。1964年，在美国手工艺理事会举办的第一届世界手工艺大会上，著名艺术批评家、抽象表现主义理论的代言人哈罗德·罗森博格向手工艺界强调，手工艺如果想要争取到与纯艺术相同的地位，那么它必须转向艺术手工艺或者职业手工艺，它必须服从现代主义艺术理念。他进一步解释，一件作品的形式之所以能够使其具有职业性，并不是因为制造技术多么复杂，因为很多古代传统的技术比当代手工艺都要复杂，包含更多的方法与窍门。他尤其强调，职业性的获得来自与这种技艺相关的自我意识。正是这种"自我意识"的强调，促使越来越多的手工艺人开始选择"由技入道"，这使得精神性与实用性的天平开始失去平衡。

这种蔚然成风的风气使得手工艺的整体趋势趋向了重创意轻技艺，重形式轻功能。因此，"工作室手工艺运动"受到越来越多人的质疑，很多批评家将这种潮流视为对手工艺本质的颠覆，他们竭力主张将手工艺拉回到实用物品的设计和制作。这样艺术家手工艺人与设计师手工艺人出现了明显的分水岭。

由此可见，中国传统手工艺"技以载道"的思想一直贯穿于中国的手工造物历史，使得我们所创造的物品，其核心都围绕在造物的精神性与实用性相平衡的关系中，正如我们用"文质彬彬"来形容人的文采和实质相统一一样，它也可以强调我们在"技以载道"的同时也强调造物的精神内容与功能形式的统一。而在西方，手工艺的发展受不同艺术运动的影响使其道器观念保持一定的流动性与颠覆性。

因此，通过对中国传统造物中，人与物的关系和造物原则两个方面的分析，我们可以清晰地发现地域、人、生产之间的内在关联。在不同文化语境中，我们可以通过其传统手工造物，了解该文化的人文思想。这便是传统手工造物的人文价值。当然我们还可以利用手工造物中所蕴含的造物思想进行当代的造物实践。

2.1.2　当代设计中的手作实践

设计与手工艺的渊源由来已久。16世纪文艺复兴时期，艺术与手工艺开始断裂，艺术被认为是一种智性活动而手工艺被当成一种劳作。艺术家不再与那些随时接受活计，根据雇主要求也可以做鞋子、也可以做橱柜、也可以画画的工匠为伍，他们探索自然的奥秘、解剖学，研究宇宙的深邃法则。因此，如今我们所谓带有"实用性"的"设计"在当时都属于被艺术分化出来的"手艺"范畴。18世纪以前的设计活动主要是基于手工业为中心的活动，设计师与制作者通常是同一个人。到了19世纪，工业革命使设计者与制作者产生分化，传统手工艺与工业化生产方式再次出现分野。因此，我们可以说现代设计产生的背景是现代化的工业生产，也就是说从18世纪60年代工业革命开始以来，现代设计才逐渐生成。因此，设计与手工艺本身就有着无法分割的血缘关系。既然工业革命已经将手工艺与设计进行了分化，那么为什么在当代，我们反而要强调手作实践的价值呢？

如今的英国是世界创意产业人才的孵化器，荣·拉德、汤姆·迪克森、贾斯帕·莫里森等设计明星不断涌出，这得益于兴起于20世纪80年代著名的"设计师-造物人"运动。这个运动将设计与创新性的手工实践紧密地结合在一起，进而创造出举世瞩目的产品。要想了解什么是"设计师-造物人"运动，以及手作实践在其中扮演的角色就需要简单了解这个运动的来龙去脉。

19世纪晚期，英国工艺美术运动的理论奠基人约翰·拉斯金最早提出了将艺术与手工艺相结合的思想，他发出"艺术家成为某一方面的手工艺人，手工艺人成为某一方面的艺术家"这样的号召。在他这种思想的引领下，一批艺术素养与工艺技能兼备的新型"艺术家-手工艺人"成为了该运动中的中坚力量，其中就包括了威廉·莫里斯。

当艺术家手工艺人大行其道时，"手工艺"的概念出现了分化现象。1948年，半官方性质的"英国手工艺"中心宣告成立，其明确指出要扶持"美术领域的设计师-手工艺人"，从而促进"纯手工艺"的发展。而像钟表制作、工具制作等众多实用性质的手工艺被划分为"商业手工艺"，因此被排除在外。20世纪50年代的"工作室手工艺运动"将英国的手工艺推向纯艺术，因其弱化实用功能而遭到越来越多的质疑，进而激发了"艺术家手工艺人"与"设计师手工艺人"的分化。而"手工艺"这个词在后来由于受到越来越多的偏见，包括很多人认为"手工艺"一词意味着被传统所束缚以及其英文"craftsmanship"（man指男性）受到女权主义者的质疑，进而逐步发展成为"造物人"。因此，在当代手工艺界，很多人喜欢自称"设计师-造物人"，以此来表示自己与传统手艺人的区别。

然而，准确意义上的"设计师-造物人"指的是80年代初期，在英国出现的集中在家居领域的集合设计与加工一体化生产方式的新型设计师或手工艺者。他们拥有自己的设计公司或者工作坊，采用"孤品"或者限量发售的形式创作。设计与生产一体化、手工艺与工业生产相结合的模式为他们的创作带来了更多的可能性，包括：①他们有些设计意图无法通过现代工业手段实现；②他们想完全掌握与控制整个设计与制作流程；③一体化的生产模式将制作与设计之间的对话关系保持最紧密的程度，从而激发出设计师-造物人的创作方法，正如丹尼尔·威尔所言，"正是在制造物品的过程中，我真正学会了怎样去设计"；④有利于材料的实验性，比如阿尔费尔德（Alfeld）主要研究废弃塑料的回收加工，发明了将废弃塑料粉碎后重新铸造成实用家具的特殊工艺。

　　设计师-造物人群体与手工艺人有着高度的相似性，比如单件制作和限量生产模式，以及材料、结构、工艺等运用手法。但他们与传统手工艺人又有着极大的不同，他们虽然使用传统手工艺技法，但绝不受其限制，普遍采用工业化材料和机械化加工手段，同时作品的视觉形态与传统手工艺千差万别。因为设计师-造物人的性质又接近于当代工业设计师，所以评论界将"设计师-造物运动"视为工业设计与手工艺之间的第三条道路。

　　由此可见，"设计师-造物运动"将工业生产与手工造物进行了折中，从而引发了新的创作可能性。设计师-造物者们基于手工艺实践过程中人与工艺、材料的对话性思考，进行实验性和创新性的创作。而此时的手作实践不仅仅是狭义的手工艺，而被提升到了设计方法层面。正如英国皇家艺术学院前首饰与金属专业系主任汉斯·斯托夫在2013年苏格兰手工艺会议中谈论自己对手工造物过程的理解，他认为造物有很多类型：造物让我们接触真实；造物让我们经历另一种真实；造物就是思考；造物是一个反思过程；造物将不可预期与隐藏之物显现出来；造物就是呈现；造物就是探索；造物可以是掩盖；造物是为人创造物品；造物过程可以不知不觉；造物可以释放精力；造物可以帮助你集中精力；造物可以让人感知存在；造物可以为了表达；造物可以是一种态度；造物可以是一种身份认同；关于造物的思考也可以是造物的某种想象中的形式；造物可以是治愈；造物可以是修复；造物可以是物件某种形式的重生；造物是定义自身的关键，而归根结底，造物是将世界放入我们双手之中。

2.1.3　手工造物中的材料、实用功能与艺术观念

　　正如美国纽约SOFA（Sculpture Object & Functional Art，雕塑、物体与功能性艺术）博览会创始人马克·雷曼描绘"后手工艺"这一概念时提出的"不要试图去解释后手工艺艺术作品中异与同的微妙差别，就像一切优秀艺术一样，它经常会超出其定义的局限"。我们可以发现，当代手工造物的一部分实践者开始向纯艺术领域趋近。是什么样的进程让手工艺实践者的创作逐渐向纯艺术领域趋近？在这个趋近过程中他们又面临着什

么问题？我们先简要介绍西方首饰的现代发展进程，进而延伸至对手工造物与纯艺术之间关系的探索。

在西方，19世纪末至20世纪初的新艺术运动的思想试图填平纯艺术、装饰艺术与实用艺术之间的沟壑，首饰设计受其影响，开始体现设计者的主体意识，逐步向近代化发展。那时的首饰设计与制作有两个重要的变化，一个来自材质，一个来自设计本身。新艺术运动时期的首饰在材料上开始使用玻璃、珐琅、犀牛角等半宝石材料，一改贵金属与贵宝石的珠宝传统。第二个变化来自设计，与以往突出材质美和工艺美的珠宝传统不同，首饰设计师开始强调自身的艺术表达。现代主义时期，首饰与艺术的交流已经体现在包豪斯的实验以及毕加索、达利、考德尔等艺术家的创作活动中。60年代早期，首饰艺术家开始回应现代主义设计原则，摒弃贵金属而使用工业材料以及简单曲线。70年代后，首饰被艺术、手工艺、设计领域的争议性命题与运动所影响，同时也被新型的消费理念以及媒体文化所冲击，艺术家们不仅关注首饰的审美层面，更多转向意识形态上的思考。新的首饰人意图以工艺为主要手段自主地表达，将主体意识、思考、态度和观念注入作品中，追求个人化的艺术个性和风格，强烈体现出创作者的主体意识。

我们可以看出，西方首饰的发展进程是一个颠覆传统的进程，是跟随时代寻找自身意义的进程，是首饰艺术家逐渐强化自我表达的进程，同时也是向纯艺术趋近的进程。但是，当我们可以很清晰地归纳出"新的首饰人意图以工艺为主要手段自主地表达，将主体意识、思考、态度和观念注入作品中，追求个人化的艺术个性和风格，强烈体现出创作者主体意识"的时候，我们可以发现两个重要的问题：我们为什么要用首饰这一可佩戴的物品作为我们主体意识的表达？我们为什么要用首饰相关的材料比如贵金属等作为我们表达的词汇？

这两个问题一个指向手工造物作为艺术表达的功能问题，一个指向材料问题。而这两个问题也是挪威手工艺批评家乔鲁恩·维特伯格（Jorunn Veiteberg）所认为的，关于手工艺与纯艺术的分类问题，人们尤其对手工艺品的功能与材料产生怀疑态度。

她进一步说，功能性物体被认为必须受到功能的制约，所以这意味着它将永远不能将自己升华为纯艺术所标榜的智性产物的自由形式。她甚至给出一个公式：应用艺术－应用＝艺术。

正如当代雕塑家安东尼·葛姆雷（Antony Gormley）表示的，艺术它质问世界，因此将生活变得复杂,手工艺却让生活变得简单,使其过得有价值。他甚至曾提到过,艺术是无用的,手工艺却是有用的。作为当代著名雕塑家的他,尽管在很多作品里折射了对现代主义的反思,但是他的这一观念还是隐藏着康德美学中对于"利益关系"的批判。康德首先从质的角度分析美,他认为,凭借与利益无关的主观感受(快感或反感)而感到对象令人愉快,这种对象是美的。康德的理论深深影响了现代艺术的形式美学。而功能性物体,这一带有明确利益关系的物品在康德美学的框架下无法进入纯艺术的探讨范畴。但是,和以形式创造为主轴的现代艺术相比,当代艺术的实质是观念艺术,那么功能性物体的实用功能是否能为艺术观念贡献意义呢?

另一个纯艺术领域认为手工艺背景艺术家所带有的"约束"则来自材料。我们可以发现这样一个现象,很多时候人们会称手工艺背景的艺术家为"材料+艺术家",比如"玻璃艺术家""金属艺术家""陶瓷艺术家""纤维艺术家"等。这些前缀似乎指涉出,艺术家的创作行为是受材料"约束"的。

在这本小节中,我们不会分析手工造物是否是纯艺术这个"公案",而主要向大家呈现功能与材料会为手工造物的艺术观念贡献什么样的意义,从而能够为大家的创作实践带来有价值的启发。

英国艺术家格雷森·佩里(Grayson Perry)的主要创作媒介是陶瓷和纤维。他创作了很多花瓶,上面画着他自传式的童年事件以及性别歧视等图像信息(图2-1～图2-3)。他在2003年获得了英国特纳奖(Turner Prize),但他表示让艺术机构接受他做陶瓷和纺织品比接受他是异装癖都难。而伦敦泰特美术馆前馆长塞罗塔却评论Perry的瓶子"都是来自艺术底层的生命故事"。不论是作为陶艺还是富有功能性的花瓶,

图2-1 虚情假意/Grayson Perry

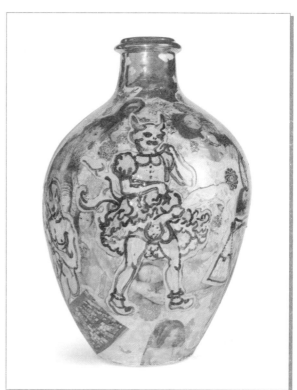

图2-2 褶皱包皮/Grayson Perry

图2-3 多面自我/Grayson Perry

都被认为是对手工艺艺术家的一种"约束"。那么我们需要思考，为什么Perry的作品可以立足于当代艺术的舞台？如果Perry的画作并没有被画在花瓶上而是画在了帆布上，那么他的作品又少了什么？

> "我的陶瓷作品，是一种游击性的策略，我想要制造一种视觉上，看起来绝对漂亮的艺术品。当你双眼接近时，可以看到人世间悲惨的一面。表面上看起来完美无缺，事实上在现实的社会边缘，却是令人伤感的悲伤角落。这样的处境和我打扮成女人的原因是一样的，当我自信心低落时，我便打扮成女人的模样。这种委屈和弱势的心情，刚好与被视为次等公民的女人形象相符，亦如陶艺作品，也常被看成是二流的艺术一样。"

——Grayson Perry

从材料的角度来审视Perry的创作，不难发现，Perry使用陶艺这种人们眼中的二流艺术以及他扮演女人的行为，都暗示出了一种积极的、颠覆性的身份认同。因此陶艺这一媒介为Perry的创作观念贡献了意义。而如果Perry将他所创造的图像信息以传统绘画的方式呈现则无法表达"身份认同"的内涵。

从功能角度来看，Pierre Bourdieu表示过，劳动阶级不能接受康德美学中"无偏见"的纯艺术，他们希望每一个图像都实现一个功能。因此，作为功能性物体的花瓶似乎又暗示了一种身份认同。这一点，在Perry的作品《我是一个愤怒的劳动阶级男人》中可以看见端倪。总之，我们可以发现Perry的花瓶的功能性与其作品的精神内涵之间存在着批判性的联系，为作品的观念中的身份认同贡献着意义。

因此，我们可以发现在Perry的创作中，不论是陶瓷这种材料还是功能性的花瓶载体均指向关于"身份认同"的讨论，为艺术家的创作理念贡献了意义而非一种"约束"。

玛丽亚·汉森（Maria Hanson）毕业于英国皇家艺术学院，是谢菲尔德艺术学院首饰系的副教授。她是知名的当代首饰与银器艺术家、策展人，也是谢菲尔德艺术设计研究中心的学者。她的创作实践既打破了我们对于首饰的原有印象，又强调了首饰的本体属性在作品观念表达中的意义。比如，她2006年的作品水戒（WateRing）就非常具有启示性（图2-4）。

图2-4 水戒/Maria Hanson

作品的形态非常简单，一条银质球形链条将一枚银戒指与一个银杯子相连。这件作品最开始源于一个叫"传家宝"的展览。它在2006年7月于圣博托尔夫（St.Botolph's）教堂举办，作为当代首饰联盟会议"carry the can"（代人受过，英文双关语，直译为"带着这个杯子"）的一部分。当时的策展人伊丽莎白问了这样一个问题：1000年以后，考古学家将挖出和考察什么东西，我们留下什么样的人造物品能够讲述关于我们、我们的时代以及我们现在所生活的世界？

Maria Hanson的创作受到凯瑟琳·贝尔理论的影响，即仪式是个体感觉与行为的方式被社会性地挪用或适应；仪式是一种活动机制，它被活动者的意图和执行活动所使用的物体赋予特征。她认为，水是所有生命的源泉，水也是所有宗教仪式最基本的元素。如果仪式是个体感觉和行为的方式被社会性地挪用或适应，那么在我们的消费主义文化中，我们是不是能够改变人们看待一次性杯子的方式？在适当的营销下，我们能不能鼓励人们携带属于自己的杯子？WateRing是珍贵的、亲密的和功能性的。它是一个既可以使用又可以佩戴的物体。它是身体和手的延伸。它可以一直被使用，可以传递给后代，并且提供一个关于我们自身的历史性的理解。

Maria Hanson认为我们所使用的物品定义了我们是谁。当然，这些物品也会在历史中不断地表达着此时此刻的我们。那么，正处于消费文化中的我们，在被欲望与物品包围的世界里，是否正在历史中不断地消解着自己？Hanson的作品好像正努力在一个快速新陈代谢的商品世界中，留下一丝我们自身的影子。因此她的创作似乎不仅针对策展人的问题给予了回答，也非常有效地回应了鲍德里亚对于消费社会的那段论述：在以往所有的文明中，能够在一代人与一代人之后存留下来的是物，是经久不衰的工具和建筑物，而今天，看到物的产生、完善和消亡的却是我们自己。

当Maria Hanson用一个"银杯子"来讨论"一次性杯子"时，在贵重的、具有传承性和仪式性的金属与"转瞬即逝"的塑料材质之间所产生的巨大张力引导着观者重新审视我们关于物品"价值"的判断，这也是关于传统物质文化对当代日常生活的启示。这个杯子同时也是一枚戒指，这使得它不属于任何场合的任何桌子，而只属于它的佩戴者。它质问着在当代语境下人与物品之间的关系，唤醒在消费驱动下，人投射在物品上的主体意识。当我们对这件不知是杯子还是戒指的物体感到困惑时，是否也意识到了我们正处于一个让人更为困惑的时代中，并早已熟悉在自己的困惑里而不自知。

因此，首饰的本体属性包括它的亲密性和价值性，都作为意义在作品中进行了呈现。而日常的功能性物品"杯子"，由于我们在生活中使用它们的方式所隐含的关于快消文化的信息也作为作品的意义展现出来。

克里斯·奈特（Chris Knight）是一名金工设计师、银匠、公共艺术家。他认为纵观历史，容器这种形式一直在表达与传达着它自身所属的时代与文化，它是文明社会的载体。在他的作品Spiked Bowl（尖锐的碗）中，他探索如何通过视觉上带有侵略性的器物来激发人的情感和焦虑（图2-5）。它的材质——青铜与不锈钢是历史传统与现代的结合。通过视觉与功能的对立性，这件容器隐含一种紧张的不安。它可以伤人，但有时却出乎意料地吸引人。Chris Knight通过这件容器表达他对这一时代的理解。我们可以看出功能性物体在历史中形成的表征传统也可以成为作品的创作来源。

汉斯·斯托佛（Hans Stofer）是英国皇家艺术学院首饰与金属专业的负责人。他的作品"Jean的杯子粗糙地粘接"是Hans Stofer的朋友Jean的杯子破碎后被重新粘接回来而创作的"新物体"（图2-6）。这件作品被维多利亚阿尔伯特美术馆（V&A）永久收藏。很多物品对于它的拥有者都有着强烈的个人意义，Stofer故意将杯子粗糙地粘接，暗示这个物品的力量其实来自其纪念属性而非审美上的完美无缺，同时，我们可以通过保护它的努力与尝试而提升它的意义。

罗兰巴特指出，我们所使用的商品也有着内涵和外延符号系统，它们的外延通常没

图 2-5 尖锐的碗/Chris Knight

图 2-6 Jean 的杯子粗糙地粘接/
Hans Stofer

有太大差异，然而不同商品的内涵却可能完全不同。比如办公室的椅子和故宫的龙椅，外延都是一把椅子，内涵却大相径庭。他也比喻这种符号意义上的运作是给事物罩上一层面纱——意象的、理性的、意义的面纱，创造出一种虚像，使之成为消费意向。而根据消费社会的理论描述，主体已失去了自己的主动性，成为了被符号操纵的对象。

那么，Hans的这件简简单单的"碎杯子"却在消费社会这种符号的操纵下，提示了也强调出了主体与物品之间的个人的、情感的联系，从而在抚慰物品的同时，也抚慰了我们那若即若离的主体意识。由此我们可以看出，功能性的日常物品与它带给我们的个人意义同样可以启发艺术家的创作动机。

YDMD工作室由钟敏、杨梦、赵茗、时翀四名英国皇家艺术学院毕业生联合创立于北京。他们的创作实践旨在讨论材料、功能、技术与意义之间的批判性联系。在作品"废墟"系列中，他们将废墟中拾来的废砖与黄铜相结合，从而创造出一系列容器。黄铜的部分与断开的废砖可以完全吻合，同时也可分离，似乎在以"艺术"之名将理所当然地躺在废墟中的废砖理所当然地搬回家庭语境。而黄铜这一纯艺术与家用物品的常规和"永久性"材料与废墟中粗糙和"临时性"的砖头形成了戏剧性的反差（图2-7）。

图2-7 "废墟"系列——容器/YDMD Studio

YDMD也是利用"容器"这一功能性物体在文化历史语境中的属性来反映当下的命题。YDMD认为作为80、90一代，废墟是值得留恋的，它是很多"家"的新陈代谢。城市总有些理由不让它们变老，有时是种庆幸，有时也只能认命。"废墟"系列借助日常功能性物体，及其背后的隐喻性叙事，希望将暗示毁灭与再生的那些家的"生料"，渗透回家庭语境，并在生活中静静地提示着在快速变化的当下"不变"所带来的温度。

　　我们可以看出，不论是对功能性容器历史表征传统的应用，还是黄铜与现成品废砖之间关于"临时与永久"的对话关系，功能与材料两个因素都为艺术家的表达提供了可能性。

　　在"纪念碑"系列中，YDMD将蜡烛作为现成品进行创作，利用了蜡烛这一功能性物品的隐喻性。不论是在东方还是西方的文化语境下，蜡烛一直与时间、生命的流逝相关。"纪念碑"系列通过日常物品呈现出人们与时间不同的遭遇。从大小比例上看，蜡烛可以看作是一座纪念碑，但它并不是以物质的永恒来纪念永恒的精神性，而是用不断熔化的蜡烛纪念永恒的变化；从材料上看，人物形象可以理解为一座纪念碑，但它纪念的也不是一个宏伟的形象，相反，它所纪念的是永恒变化下渺小的个体（图2-8～图2-10）。

图2-8　"纪念碑"系列No.1/YDMD Studio

图 2-9
"纪念碑"系列 No.10
/YDMD Studio

图 2-10
"纪念碑"系列 No.15
/YDMD Studio

因此，不论是蜡烛熔化这一功能性的文化隐喻，还是材料所带来的相关性，都是艺术家创作的艺术语言中的一部分。

在"水仙"系列中，YDMD关注的是功能性容器中液面所呈现的微妙界限：一边是真实，一边是虚幻。"水仙"系列像是一首源于鲍德里亚"拟像理论"的狂想曲。在物质层面，当一把勺子的影像开始损害它的原物体，当两个半真半假的酒杯交相辉映时，真实与拟像之间的关系得以展现。可见，当我们使用功能性物体时所形成的一些细节同样可以刺激艺术家思考（图2-11）。

在作品铃杯中（图2-12），YDMD寻求一种介于艺术与设计之间的微妙界限，通过将一些琐碎的，关于材质、功能的事实糅合在一起，组成了一种新的物品和一种新的视觉符号，进而产生了一种在功能上的模糊性。通过这件作品便可发现，我们的思考不仅仅可以关于明确的功能，有时对功能的刻意模糊也可作为作品创作的出发点。

图2-11　水仙/YDMD Studio

图2-12　铃杯/YDMD Studio

　　"当代物体第四回——流光寖远"是由策展人张淼所策划的艺术家彭怡与其学生作品的联展。在这个展览中，张淼尝试呈现玻璃这种材料为艺术家的创作观念带来的可能性，从而辩证回应手工艺背景的艺术家被材料所"约束"的保守看法。

　　彭怡在英国桑德兰大学（University of Sunderland）完成了玻璃专业的本、硕、博三个学位，与玻璃这一材料共同度过了十年创作时光。纵览彭怡的作品，似乎可以为我们在材料艺术的创作中，材料与意义之间关系的讨论带来很大的启发。因为材料在她的创作观念里一直扮演着重要的角色，或者说她的创作观念一直被材料的相关性所驱动着。

　　彭怡较早期的作品"可乐茶壶"（图2-13～图2-15），最早完成于2008年。"可乐茶壶"系列可以看作是一个中西方文化遭遇的缩影，这种关于遭遇的思考来自艺术家本人的个人经历与感受。当彭怡作为一个求学者来到西方进行学习，和所有有着相同经历的求学者一样，本能性地会关注自己的文化身份以及这个文化身份所带来的差异性。

　　英国金属艺术家玛利亚·汉森（Maria Hanson）曾用她的研究提出，我们所拥有与使用的物品定义了我们是谁，同时在日常中强化着我们的体验。那么，"可乐茶壶"便可以看作是一个"文化嫁接与变异"的茶壶，它不断地向其使用者的文化身份发出质疑。

　　"可乐茶壶"分为两种材质——玻璃和陶瓷。可口可乐公司在19世纪末所采用的玻璃瓶包装已经成为了永恒的经典。它也出现在了安迪·沃霍尔（Andy Warhol）的版画中，变成流行文化的一个象征。而玻璃透明的材质似乎时刻彰显着瓶内充满汹涌气泡和能量的可乐精神。收藏家马未都曾经分析过西方酒具与东方茶具在材质上的不同所体现出的文化价值观。他认为西方人用玻璃盛酒，玻璃透明的材质方便人们观看酒的色泽，传达着一种向外与他人沟通的意愿；而中国人饮茶用陶瓷、紫砂等不透明的材料，茶水仅供自己观看，是一种更含蓄和内敛的享受。可乐的玻璃瓶似乎与酒具有着异曲同工之妙，而且它最开始的包装便是采用啤酒瓶。

图 2-13　可乐茶壶－鱼/彭怡

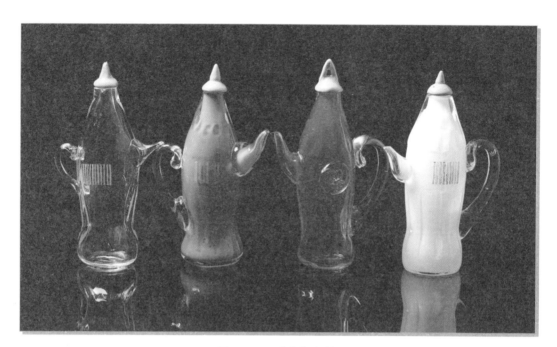

图2-14　可乐茶壶/彭怡

图2-15　可乐茶壶-青花/彭怡

因此，玻璃与陶瓷，可乐与茶，似乎都是通过物质向大家讲述各自文化的故事。而彭怡的作品让这两段故事遭遇、融合。当我们观看这一组奇怪的容器时，是否反观自己正无意识地处在一个奇妙的、全球化的文化境遇中而不自知？是否意识到材料可以像一把钥匙打开每一个熟睡中的梦境？

在"解构"系列（图2-16～图2-18）中，彭怡使用了现成品"鼻烟壶"。这些鼻烟壶其实是一些旅游衍生品，这本身已经提示我们去思考鼻烟壶如何从一个传统的、随身携带的"奢侈品"，慢慢解构其自身的价值属性，变成了安放在抽屉里或陈列在古董架上的旅游商品。而彭怡的创作似乎正是折射了这解构的力量。

面对"解构"系列，我们似乎很难轻易地找出这些似有似无的玻璃线段的规律。它们混沌复杂，却又显得自信和理所当然。外部的矩形框架与内部的线段建立了我们与内部鼻烟壶之间的一种隔离。但我们能够真切地感受到很多对立共存的关系，正如德里达

图2-16　解构主义3/彭怡

图 2-17
解构主义 4
/ 彭怡

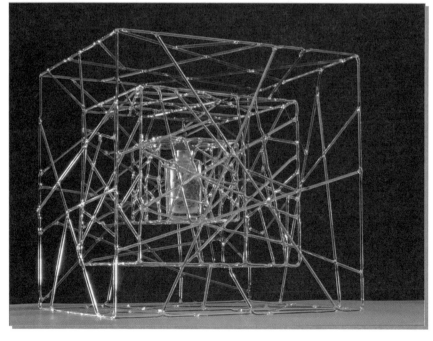

图 2-18
解构主义 6
/ 彭怡

主义者坚持认为的，表面相互对立的东西实际上相互需要，并总是相互隐含。每一个矩形所构成的隔离，既是一种保护，又是一种禁锢。每一个矩形内部的线段都充斥着割裂与重组的力量。而正是在这重重的对立共存关系下，我们隐约地看见内部的鼻烟壶被解构，解构也意味着重生，这又是一种对立的共存。

反观传统手工艺以及它所承载的文化内涵，似乎在当代语境下正面临着如此的遭遇：从古代的"奢侈品"到现代廉价的"旅游商品"，又在当代玻璃艺术中得以被重新审视与再生。因此，"解构"系列可以看作是对传统工艺文化身份的折射与思辨。

通过以上例子我们可以看出在当代手工造物的实践中，材料与功能对于艺术家的创作并非是一种"约束"，相反，它们可能成为一种观念生成的驱动力。在材料中，我们能够将材料的历史与文化内涵、材料的性质作为创作观念的词汇，而在实用功能中，功能的隐喻性、个人对功能性物品的态度、个人使用物品的方式、日常功能性物品对个人的意义等因素可以引发艺术家的思考并形成创作的动机。

2.2 机械造物

2.2.1 工业革命以来的技术创新

工业革命是人类进入现代社会的一次伟大的变革，这场由技术引发的革命对人类的经济、文化、社会形态等方方面面都造成了巨大的影响。虽然工业革命之后，人类的生活产生了翻天覆地的变化，但是工业革命中那些起到至关重要作用的机械大多是对旧设备的改良而非创造。实际上工业革命最核心的技术进步还是对于动力的显著提升，这也是为什么人们把蒸汽机的商业化作为工业革命的重要标志。动力的提升不仅仅是促成了轮船货车的发明，对于工业设计和制造领域的影响也是翻天覆地的。举个例子，车床的雏形在公元前1300年时的埃及就已经被发明了，但是由于是靠人力驱动，所以古代车床的效率就大打折扣，直到蒸汽机的发明，车床的工作效率和生产能力有了大幅度的提升。所以，工业革命以来的许多重要机械技术的进步大多得益于日常的积累，并非一蹴而就。在数字技术发展之前，我们在制造领域每一次巨大的技术进步几乎都和动力的提升有关，从蒸汽机到内燃机，再到电能，机械制造领域的重大升级都离不开动力因素。

除此之外，机械技术的发展也让人们的双手得到了解放，所以当我们想到工业革命的时候，除了蒸汽机，第一个想到的就是珍妮纺纱机。英国也是从纺织业开始在全球贸易中积累了大量的财富，逐渐拉开和其他国家的资本差距。而真正确立英国工业体系的机器是英国发明家莫兹利制作的采用丝杠传动原理运行的现代车床，车床的产生才在真正意义上把人类社会带入一个全新的机械时代。人们通过机械可以快速精准地制作各种产品，同时生产的成本也大大降低了。与此同时，伴随了人类千百万年的手工行业开始获得来自机械的强力辅助，同时也面临着巨大的挑战。

除了动力和机械以外，还有一个对于人类造物起到了重要促进作用的因素，那就是材料。比如1856年英国人贝塞麦发明的酸性底吹转炉炼钢法，也叫贝塞麦转炉炼钢法，这种炼钢方法的诞生大大提高了钢材的生产效率。工业革命胜利之后，大量机械设备被人们发明，人们对于钢铁的需求空前旺盛，钢铁材料也成为了一个进入工业社会的国家的基本资源。在工业革命期间，这类对未来人类产生重要影响的"新材料"还有很多，比如化学纤维对纺织业的影响，混凝土和平板玻璃对建筑行业的影响。

动力、机械以及材料这三个关键的技术创新促成了工业革命的伟大胜利。在工业革命的影响下，宗教对人类的控制越来越薄弱，人们对科学技术的崇拜越来越盛行，现代教育得以蓬勃发展。而现代主义的思潮也在工业革命的基础上逐渐成型。如果说工业革命是一场技术的革命，那么现代主义就这场技术革命在思想上的折射。

2.2.2　机械技术为造物提供的可能性

机械技术对造物的重大改变主要体现在效率和精度上。效率主要体现在两个方面，一个是机械动力的巨大提升，一个是生产制造业的大分工。工业革命以前的材料制作大多都以工坊形式出现，产品的品质和工匠的技艺有着十分紧密的关系，同时每个产品的设计和制造的所有环节都是在一个工坊甚至是一个人手中完成的。这种传统的制作方式对工匠的技艺要求非常高，一个优秀的工匠无一不是经过了长期的积淀，而工业革命带来的技术进步可以在相当大的程度上把人从生产制作的体力劳动中解放出来，并在机械的帮助下更快更精准地制作物品。比如人类使用模具制作金属器皿的历史很长，我国在商朝时就有很高超的青铜器制作技术，并制作了很多大型青铜器。工业革命之后由于动力提升带来的影响在金属铸造领域似乎并没有那么天翻地覆，今天我们在首饰加工厂使用的技术和工业革命以前并没本质上的不同，机械对于铸造技术的辅助主要是精度的提升，比如离心机对模具具有更完整的贴合度，真空机对石膏模具中气泡的消除，这些机械的介入会对提升生产效率有很大帮助。

这些技术进步对于某些材料而言甚至是颠覆性的，一个资深的玻璃吹制工人可能需要练习二十年的技艺才能吹出完美的玻璃杯，虽然看上去他们的制作只用几分钟的时间，所以在工业革命之前，一个工厂工人的技术水平决定了一个工厂的品质。然而当玻璃吹制机器发明以后，我们可以用一秒钟的时间吹出几十个甚至更多的玻璃杯，最重要的是，这些机器完全不需要培训和日复一日的练习。在这样的玻璃厂中，工人的主要作用就是排除机器故障以及挑出残次的玻璃杯。同样是使用机械，工业革命为不同材料带来的生产效率的提升也不尽相同。比如金属铸造业，由于金属的熔点是固定的，从液态到固态的转换只有1摄氏度之差，从时间上说成型过程就在转瞬之间，人们无法干预成型的过程，真正的工作量是在成型过程的前后，而且相对来说，工作容易被分解，所以机械化对于金属铸造业生产力的提升有限。而玻璃这样的玻璃态材料可以在一定时间内保持柔软的状态，操作者必须在有限的时间内完成塑型操作，所以全程需要操作者独立完成，这就需要操作者具有相当的经验才能操作。正是因为这些原因，机械对于不同材料的革新程度也是不同的，像金属这种材料长期以来一直伴随人类历史的发展，而玻璃却是在工业革命之后才真正走入千家万户。单单就工业革命对于玻璃这一种材料带来的技术进步就对人类的生活产生了质的影响。如果没有玻璃的工业化，可口可乐就要等到塑料或是易拉罐诞生之后才能风靡全球，我们的灯泡、眼镜、显微镜、电视机都无法迅速地走进千家万户。

工业革命时期机械技术的发展不仅带来了技术的进步，同时也对整个生产制造业的生态产生了巨大的影响。首先机械的产生使得工厂可以快速地积累财富，并把这些财富持续投入研发以保证其在业内的先进性，从而再次推动行业的发展。比如戴姆勒的汽车帝国对整个行业的推动，爱迪生的美国通用电气对电气行业的推动以及贝尔的美国电话电报公司（AT&T）对电信行业的推动。由于未来科技的探索和创新成本越来越高，这些因为机械革命迅速强大的企业也在为人类的造物方式提供更好的解决方案。

2.2.3　机械生产、消费主义与造物样式

如果说使用工具是区分人与动物的一个标志，而机械的出现则把人类文明分为了现代和原始。人类在漫长的历史中绝大部分时间都是在和温饱作斗争，譬如"时尚"这种词汇都是近几百年才出现的，而大量中产阶级产生，普通人也可以着手对生活品质进行提升，实际上是从工业革命开始的。伴随着生产力的集中和中产阶级的大量诞生，人们逐渐从解决生活的必需品过渡到追求生活品质的阶段。当人与商品的关系开始变成供大于求的时候，这种改变对我们整个社会都产生了深刻的影响。一方面由于商品的泛滥，使得销售的竞争压力空前激烈，这使得产品的设计制造以及销售更加精细化和专业化。于是消费主义开始盛行，消费者的需求越来越被重视，每个品牌都为解决消费者的痛点不遗余力。这使得造物的专业程度和知识含量都大幅提高。

1776年3月，亚当·斯密的《国富论》中第一次提出了劳动分工的观点，并系统全面地阐述了劳动分工对提高劳动生产率和增进国民财富的巨大作用。这一理论对未来的生产制造业产生了巨大的影响。对于存在了数千年的手工艺而言，最直观的改变就是手工艺这个词汇逐渐从学术界消失，逐渐被分解为设计和制造两个词。设计这个职能和制造行业被剥离开来，专门的设计院校和课程纷纷设立，设计师会更加专业地从功能和美学的角度介入产品生产链的起点，从而推进整个行业的发展。这种分工的形成虽然提高了专业度和生产效率，但同时也改变了传统手工艺一以贯之的造物方式，使得人与物体的关系越来亲密，而与材料的关系慢慢疏离。

美国建筑大师路易斯·沙利文在1896年的著作《高层办公大楼在艺术方面的考虑》（*The Tall Office Building Artistically Considered*）中提出了现代主义在设计领域最著名的一个原则——功能决定外形（Form always follows function）。阿道夫·路斯甚至认为装饰即罪恶，他认为由功能所决定的结构本身就会产生美，而装饰是对社会资源的浪费。现代主义的造物样式推崇"少既是多"，而这一理念正好契合了工厂对于提高生产效率的期望，同时也避开了机器在制作复杂装饰时的劣势。现代主义提倡的设计理念充满了实用主义的智慧，同时也在某种程度上扼杀了设计美学的多样性。

现代主义样式的产生无疑和工业革命有着直接的关系，但是有趣的是，在工业革命的故乡——英国，在威廉·莫里森的带领下开始反思工业革命带来的负面影响。由于当

时技术的原因，机械生产的产品在精致程度上还无法和手工生产的产品相媲美，于是大量粗糙原始的工业制品充斥着市场。出于对产品美学水平下滑的担忧，以威廉·莫里森为首的一些设计师，开始从东方元素和手工艺中重新发掘美学，对抗机械化生产带来的美学质量下滑。而与此同时的法国同样也在开展一场大量使用自然植物的有机形态和东方元素的另一场美学运动——新艺术运动，同样是对机械化生产的抗议和反对。在追求效率和功能的现代主义思潮下，设计师逐渐去掉不利于机械化生产的纹饰和曲线，设计出大量方形的建筑和产品。于是对设计多样性的追求成了另外一些设计师和艺术家的职责，比如高迪的著名设计作品的圣家族教堂——一个在现代社会经历上百年修建才能完成的建筑，整个建筑几乎找不到一条直线，其繁琐和复杂程度也是人类建筑史上之最。虽然工艺美术运动和新艺术运动在工业化日益加深的人类社会只是荡起了一阵涟漪，随即便被淹没在"偏左"的现代主义思潮中。但是，人们对于造物样式的追求和喜爱始终是动态和多元的。所以，即使现代主义设计所倡导的风格更符合机械化生产的需要，但却始终无法成为人类造物样式的终极解决方案。

2.3　生物造物

2.3.1　生物制造技术的产生与发展

　　生物造物的概念可以从两个层面展开，一个是仿生设计，主要指从生物的外形或行为方式中得到灵感以优化我们的生活；另一个是指生物材料，把生物的衍生品或是生物本身作为一种材料来制作产品。虽然生物造物是一个很新的词汇，甚至被当作未来人类设计的重要方向，而实际上人类在生物造物方面的实践却有着悠久的历史。无论是小学课本中提到的鲁班借鉴茅草叶的锯齿形状发明了锯，还是古人对于蚕丝等生物材料的应用都可以上溯到公元前。虽然借鉴生物外形来开发工具和使用生物材料制作产品都有着悠久的历史，但是仿生学和生物材料作为学科来研究的历史都不长。

　　仿生学或生物启发工程是生物相关方法在现代设计中的应用。"仿生"一词由杰克·斯蒂尔（Jack Steele）于1958年8月创建。根据珍妮·班娜斯（Janine Benyus）的说法（1997年），仿生学是一种观察和重视自然的方式，它代表着一种新的心态，不是基于从自然界中获取什么，而是基于从中可以学习到什么。仿生设计试图通过了解自然从而设计具体高度适应性和高效率的系统。仿生学认为解决问题的最佳方案并不总是最复杂的，同样，最好的答案并不总是新的。地球上的生物经历了亿万年的进化和选择，这背后蕴藏了大量的精巧设计和结构。仿生学是受自然界启发从而产生想法和设计来创造解决方案的方法。它广泛应用于建筑物、车辆设计，甚至材料应用。由于现代科学的进步，我们不仅仅可以在外形上从自然界得到灵感，甚至可以通过微观的方式观看自然，从生物的内部得到启发。这无疑会将我们的仿生学带入一个全新的领域。

生物材料制造是指用生物材料生产复杂的生物和非生物制品。细胞与发育生物学、生物材料科学和机械工程学是推动生物材料制造出现的主要学科。生物材料制造是一种技术，而不是基础科学，是生物技术领域的一部分。科学涉及对自然现象的观察、建模和解释，而技术的目的则是建立一个人造世界。生物材料制造意味着无论是原材料还是最终产品，必须是受生物学启发或以生物学为基础的。其原料可以是生物分子、细胞外基质、活细胞和组织等。生物制造还可以为未来生物燃料行业开发新型生物技术，实现可持续能源生产，并通过发明"无动物"产品，显著改变传统养殖业以及皮革与毛皮制品产业。

从工业革命开始，人类一直从自然界获取材料并使用机械的方式来制作产品，在享受这种生产方式带来的便利的同时，也对生态环境造成了很多伤害。从工业革命的发源地英国，到今天的中国、越南、印度，环境问题一直是经济发展的一个副作用并困扰着人类。另外，由于动物保护意识的崛起，越来越多的人开始反对食用以及使用动物的器官。而生物材料制造技术似乎就是这些问题的最佳解决方案。因此，有人预测生物材料制造技术将会成为21世纪制造业中最具潜力的一个领域。

2.3.2 仿生学与造物实践

鲨鱼是海洋中位于食物链顶端的生物之一。几千年来，它们的狩猎能力得到了充分的验证。虽然鲨鱼以敏锐的嗅觉和再生的牙齿而闻名，但新的研究实际上指出鲨鱼的皮肤可能是其进化过程中最大的优势之一。鲨鱼皮上覆盖了一层灵活的小凸起层，从而在运动时形成一个低压区。这种前缘涡旋可以形成动力拉拽鲨鱼向前，同时也有助于减少鲨鱼在水中行进时的阻力。

Speedo（速比涛）在2008年奥运会的泳衣中加入了仿生鲨鱼皮的原理。据史密森学会称，在2008年奥运会上，98%的游泳竞赛的奖牌是由穿着这种鲨鱼皮泳衣的运动员获得的。从那时起，这项技术就被禁用于参加奥运会比赛。鲨鱼的这种纹理不仅帮助了游泳运动员，同时也帮助美国海军解决了船舶上附着海洋生物的困扰。因为这些微小的皮肤凸起可以帮助鲨鱼抵御微生物。Sharklet的首席科学官布伦南在夏威夷的一次会议上提到，美国海军请求布伦南找到一种方法，减少藤壶和藻类对海军船只的拖累。布伦南在对大型海洋生物调研时发现，鲸鱼的皮肤上有藤壶，而鲨鱼却没有。他和同事在讨论这个问题时，同事说可能是鲨鱼游得太快了，但是这个答案没有让布伦南满意。最后在实验室对鲨鱼进行的实验中，布伦南发现鲨鱼的皮肤排斥了85%的藻类。同时，他的一个学生试图在鲨鱼皮图案的培养皿中培养细菌，但最终失败了。最后，鲨鱼表面具有预防藻类和细菌滋生的秘密终于被布伦南找到了：这源自于鲨鱼皮肤表面纳米级的细纹（图2-19）。于是，布伦南基于这种纹理开发了一种薄膜，不仅可以解决军舰吸附藻类的问题，还被应用到医学领域预防细菌的滋生。

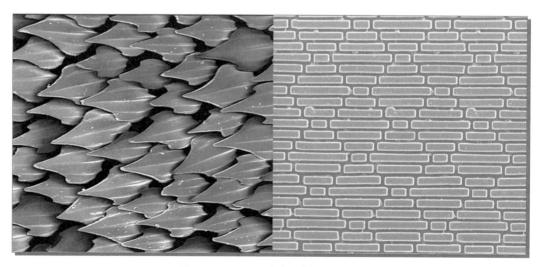

图2-19　Sharklet生产的薄膜以及纹理

图2-20　翠鸟嘴部和日本新干线的造型

　　日本新干线子弹头列车的运行速度高达320公里/小时，但是对于日本的工程师而言，除了提高速度之外，还有另外一个问题一直困扰着他们，那就是如何降低火车的噪音。日本有一项法律，不允许火车在人口稠密地区行驶时产生超过70分贝的声音。另外，当火车进入隧道时通常会产生一个响亮的冲击波，即"隧道爆破"。冲击波的力量甚至会对隧道造成结构性损坏。设计小组经过研究确定罪魁祸首是火车前鼻盖的造型。为了优化列车的空气动力学设计，设计师需要设计一个更流线型的头部造型。工程师们寻找了许多资料，进行了大量数据分析，最终从翠鸟的身上找到了答案。翠鸟是一种经常从空中潜入水中捕食的鸟，当它从低阻力的空气中进入高阻力的水中时，嘴部的独特造型使得其在潜入水中时几乎不会造成水花的飞溅。于是日本的新干线设计师从中受到启发，借鉴翠鸟的嘴部外形，重新设计了新干线的头部形态。基于这一改进，新一代列车不仅速度加快了10%，耗电量减少了15%，最重要的是，进入隧道时再也不会产生剧烈的冲击波（图2-20）。

2.3.3　生物材料与造物实践

　　虽然人类很早就利用蚕丝等生物材料来制作产品，但是过去对生物材料的利用高度依赖动物的贡献，我们不可能在没有蚕的情况下生产丝绸。而蚕的饲养需要较长的时间，并且容易受到环境气候、疾病等因素的影响，这些会对生产制造产生很多不可控的风险。虽然合成化学纤维可以保证产量和节约时间成本，但是由此产生的工业废料又会对环境造成伤害。而现在人们通过对蜘蛛丝的研究，仅仅通过酵母、白糖和蛋白质就可以合成比丝绸强度更高的纤维用以纺织行业，不仅生产效率大幅提高，这种新材料也很容易被自然界所降解，不会对环境造成伤害。

（1）真菌皮革 Mylo

Mylo 是 Bolt Threads 公司研发的一种利用生物技术培养的合成皮革（图2-21），其主要成分是菌丝——一种在蘑菇根结构中发现的真菌。Mylo 可以生长在大型的、环保的仓库中，这就和我们在超市买到的蘑菇的种植方法是一样的。菌丝被放置在玉米秆碎块中培育并获得养分。在适当的湿度、温度下，菌丝成长为类似于软泡沫的形状，实际上是

图2-21 真菌皮革 Mylo

一个非常小的纤维网络。菌丝长大后经过成片、固化、晾晒，最终其外观和质感非常像皮革。它具有和皮革相似的耐用性、强度和柔软性，同时，也具有皮革的耐磨性。从理论上讲，Mylo可用于任何传统上使用皮革制作的产品——钱包、钥匙链、袋子、衬衫。像天然皮革一样，Mylo也可以进行染色、压制纹理等一系列后期加工。

传统皮革的制作需要三年左右的周期——从饲养奶牛到皮革制备。而使用Mylo，这个过程将会被缩短到几周。在这个过程中，没有动物受到伤害，土地也不会受到肥料的伤害。畜牧业占用了地球陆地面积的30%左右，而养牛所产生的导致全球变暖的温室气体比所有运输工具产生的总量还要多。

（2）自愈混凝土

虽然混凝土是世界上最常用的建筑材料，但它有一个严重的缺陷：在受到压力时很容易开裂。如果这些裂缝变得过大，将导致钢筋被腐蚀，不仅会造成外观不美观，而且将危及结构的机械性能。这就是为什么工程师经常在混凝土结构中必须使用大量的钢筋的原因，为的是防止裂缝变得过大。这种额外的钢材对于外形结构并没有实际作用，且是一个昂贵的用以弥补混凝土缺点的解决方案。处理裂缝的另一种方法是修复裂缝，但当混凝土结构处于地下或液体保持结构中时，这种修复就变得极其困难。

针对这个问题，荷兰代尔夫特理工大学（Technische Universiteit Delft）的自愈材料研究者研发了一款可以使裂缝自愈的新型混凝土。通过在混凝土混合物中嵌入方解石沉淀细菌，可以产生具有自我修复能力的混凝土。由于混凝土的pH值非常高，只有所谓的亲碱细菌才能存活，研究团队将其中几种细菌混合到水泥中，一个月后发现了三种特定细菌的孢子，这些细菌仍然存活。细菌混凝土的使用在理论上可以带来很大的便利，特别是在钢筋混凝土中。这也意味着在设计混凝土结构时，可以以更经济的新方式解决耐久性问题。细菌混凝土是建造地下危险废物固定器的理想选择，因为其可以在没有人参与的情况下来修复不论何时何地出现的裂缝。然而，对于住宅建筑来说，传统的裂缝修复似乎仍将是目前最具经济吸引力的解决方案。

目前，代尔夫特理工大学材料中心研究的重点是为细菌创造合适的条件，以生产尽可能多的方解石，并优化细菌的分布。此外，他们还在研究细菌混凝土的自愈能力，以及如何避免修复能力受到环境条件的影响，例如硫酸盐腐蚀或温度波动。

生物材料不仅可以解决我们生活中的很多问题，同时也会被一些艺术家拿来创作艺术作品。澳大利亚行为艺术家Stelarc（斯泰拉克）制作了一个让人震惊的艺术作品（图2-22）。这个作品的创作不是为了展示在美术馆等公共空间。艺术家把这个作品放在了自己的胳膊上，他在自己的胳膊上移植了一只耳朵，并且在里面植入了网络接收器和麦克风。他希望这只耳朵接收到的声音可以通过网络被这个世界任何一个角落的人们听到。

Stelarc的耳朵使用的是用于整形手术的生物相容材料，一旦被安全地移植到他的手臂上，艺术家自己的组织和血管会随着材料变形。耳朵现在是他身体的一部分，也是他感觉和功能的一部分。Stelarc的作品主要专注于扩展人体的能力。因此，他的大多数作品都集中在他的"人体已经过时"的概念上。

图2-22　Stelarc和他的第三个耳朵

2.4 智能造物

2.4.1 数字技术的背景

如果说工业革命的技术进步都是对旧的生产的改良的话，那么数字技术的到来则是一场真正的创新。它彻底改变了我们创作物体的方式甚至主体。在数字技术诞生以前，我们使用的机械工具还要大量依赖于人的操作，且机械化的生产环境都在工厂。而数字革命尤其是计算机辅助设计（CAD，Computer Aided Design）的出现不仅提高了机械化生产的全自动程度，而且极大地减化了设计人员的工作量和进入门槛。从造物的角度来说，我们的机械造物从工业革命之后的半自动时代进入了全自动时代。

数字技术是一种传输型技术，它将我们的信息分解成数字0和1进行传输，再由接收端转译成信息。这种数据传输方式的改变大大地降低了传统模拟信号容易被干扰的缺点。计算机辅助设计使用计算机（或工作站）来帮助创建、修改、分析或优化设计。CAD软件用于提高设计人员的工作效率及设计质量。CAD输出通常以电子文件的形式出现，用于打印、加工或其他制造操作。CAD已成为计算机辅助技术范围内一项特别重要的技术，具有降低产品开发成本、大幅缩短设计周期等优点。它使设计人员能够在计算机上完成从草图到三维模型再到产品生产图纸的一系列过程，从而节约绘图用时。CAD是一种重要的工业设计手段，广泛应用于许多领域，包括汽车、造船、航空航天、建筑设计等。CAD还广泛用于计算机动画制作，用于电影、广告等领域，通常称为数字内容创作（DDC）。

3D打印（3D Printing）技术，又称"添加制造"（Additive Manufacturing）技术，是一种与传统的材料去除加工方法相反的，基于三维数字模型的，通常采用逐层制造方式将材料结合起来的工艺。3D打印技术可以直接将各种材料按照数字模型精准成型，甚至可以直接作为成品来使用。随着技术的进步，3D打印机的成本越来越低，并逐渐走入个人工作室，甚至是普通家庭。这样设计师可以直接在自己的家中生产自己的产品，大大简化了产品的生产流程和时间成本。3D打印技术是一个正在发展中的新兴技术，不断有新的材料可以通过3D打印技术快速成型，也许用不了多久，我们就可以通过3D打印的

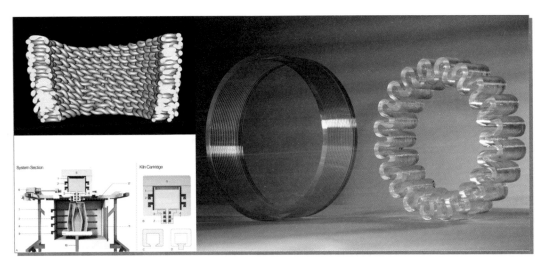

图2-23　玻璃3D打印样品

方式制造任何我们想要的东西。

（1）玻璃3D打印

麻省理工学院的研究人员创建了一种新的3D打印过程——G3DP。G3DP被描述为一种使用光学透明玻璃进行3D打印的高精度方法。这使得玻璃成型的过程变得更加可控，我们可以在生产过程中设置成品的颜色、厚度以及透明度等（图2-23）。

（2）金属3D打印

金属3D打印是一种基于激光的技术，使用粉末状金属作为材料。与激光烧结类似，高功率激光选择性地将粉末床上的颗粒结合在一起，而机器往复添加新的金属粉末层，通过这样一层层往复的烧结和叠加，最后形成与设计相一致的立体金属成品。

（3）陶瓷3D打印

陶瓷的制作一直是手工艺较为活跃的一个板块。由于人工也可以在很短的时间内完成塑型，所以即是在今天，仍然有大量的工厂依然使用手工拉胚来制作陶瓷。目前市面上的陶瓷3D打印技术主要采取粉末烧结和泥浆积压两种成型技术。虽然目前的技术水平在生产效率上对比手工制作并没有太大优势，但是，通过陶瓷3D打印技术，我们可以制作出一些手工无法完成的造型，或是对精度要求很高的陶瓷产品。

2.4.2 数字技术与造物观念的改变

数字技术的发展把机械设备的生产能力又带到了一个全新的领域。这种进步不仅仅是对生产力的提升，而且对工业革命之后的机械造物方式产生了革命性的改变。在数字技术出现之前，机械造物主要用减法造物，通过削切、剪裁、冲压等方式来对材料做减法从而成型。而数字技术，尤其是计算机三维辅助设计和3D打印技术的出现，使得我们的机械造型出现了许多新的变化。

在20世纪的前半叶，现代主义迅速在世界范围内盛行，对我们的生活造成了方方面面影响。这些变化无疑带来了很多便利，同时也造成了设计形式的单一和相似，建筑设计就是一个特别明显的例子。由于国际主义风格在建筑领域的流行，世界各国的主要大城市都出现了很多国际主义风格的建筑。它们都以方形和玻璃幕墙的形式出现，这在一定程度上使得城市之间的相似度越来越高，再加上全球化对文化的统一，人们逐渐对现代主义所主导的设计风格产生了厌倦。

我们之前说现代主义的盛行和工业革命的关系很大，同样，数字革命的产生，也直接催生了后现代主义。工业革命直接导致了社会大分工，大家以工厂为单位协同制作，集体意识逐渐形成。数字技术的革命也带来一些新的变化，首先是个体的能力被数字技术放大。个人电脑的普及使得设计师的能力边界得到拓展，借助一台电脑，设计师可以独立完成所有的设计工作，在3D打印机的辅助下就可以直接制作模型甚至成品。在这种新的工作模式下，团队的意义被逐渐淡化，设计师的个性得以最大程度地发挥。于是，在技术革命的助力下，效率最高的现代主义设计原则不再具有唯一的正确性，后现代主义开始盛行。

坐落于芝加哥的哈罗德·华盛顿图书馆（图2-24）是一个很好的阐释后现代主义包容性的例子。我们第一眼看到这个建筑的时候很难，不被它浮夸的屋顶装饰所吸引——一个巨大的猫头鹰造型，而这个建筑的整体外形又好像由希腊时期的建筑风格演化而来，屋顶部分的玻璃幕墙像是受到了国际主义风格的影响，一切都是那么似是而非，好像一

图2-24　哈罗德·华盛顿图书馆/Thomas H.Beeby/1991

个杂交出来的怪物。当猫头鹰、希腊、庄严、现代主义这些元素被揉搓在一起时，设计师把他脑海中各种与智慧相关的符号组合在了一起，跨越了时间、地域和文化的壁垒。后现代主义在很大程度上受到了雅克·德里达的结构主义的影响，即文字即字义，任何基于上下文对文字的解释都是不恰当的。在这种思想的影响下，设计师和艺术家的眼里只有元素，而不去刻意深究这些元素的语境，从而发展出一系列全新的艺术和设计风格。

伯恩哈德·肖宾格（Bernhard Schobinger）的作品是另一个关于后现代结构主义的例子。他制作了一组古董水晶珠子、德国可口可乐瓶和电视屏碎片交织在一起的项链（图2-25），将过去和现在、暴力与美味并列。据这位艺术家说，这些玻璃碎片是在柏林的莫里茨广场发现的。莫里茨广场位于柏林墙正前方，是德国"新野人"艺术家和朋克的聚集地。在20世纪70年代末，Schobinger开始收集日常生活中遇到的物体。多年来，他收集并储存了各种文化碎片，直到他找到各种物品的用途，这个过程使他能够创造出具有分层和复杂含义的珠宝。比如这件作品就反映了欧洲过去和现在动荡的政治气候。值得一提的是，在这件作品中，我们其实很难确定到底是现代主义对这件作品的影响更大，还是后现代主义更大。这也是后现代主义出现之后的一个有趣的现象，由于后现代主义的包容性（它甚至是对现代主义血统的继承），使得我们在区分后现代主义风格的时候遇到了很多麻烦。甚至很多时候，我们对于后现代的描述只是针对风格，而不是思想主张。所以英国维多利亚和阿尔伯特博物馆用了下面这段文字来描述后现代主义："后现代主义是戏剧和理论的巧妙结合，从色彩缤纷到毁灭，从奢华到可笑。这是一个视觉上惊心动魄的多面风格，以对抗定义而著名。"

图2-25　柏林莫里茨广场的碎片/Bernhard Schobinger

2.4.3　传统手工艺与数字技术的结合

正如摄影没有取代绘画，数字技术也不能取代传统工艺。新的技术虽然会对传统手工艺产生很大影响，甚至会造成某些手工艺的消亡，但是使一项技艺消失的并不一定是技术，也可能是人们的需求改变了。比如皮影、油伞、雕版印刷等一些手工技艺在今天逐渐式微，或是被工业化生产所取代，或是不再适应时代的需求。但是在制造工艺日益发达的今天，人们却依然以纪念或是猎奇心理购买这些手工制作的产品，虽然这些产品的意义从产品变成了纪念品，展示的空间从商店变成了纪念品商店。除此之外，由于材料技术的发展，很多艺术家也逐渐开始使用材料作为艺术表达的媒介，手工艺又在艺术家的手中重新焕发了青春。即使是传统行业，也可以借助新技术，将传统的生产流程升级，提高生产效率和品质。比如传统的首饰制作中有一个重要的工作环节——雕蜡，这是一个技术性很强的工作，在首饰的模具制作中至关重要，但是培养一个熟练工人要消耗大量的时间。而当3D打印技术出现之后，工厂可以在电脑中建模，再通过3D喷蜡打印机直接制作蜡模。这样不仅造型更精准，还大大降低了人员成本和时间成本。不仅如此，3D打印技术的诞生还让设计师和生产环节的距离更近，很多小型设计师工作室可以利用3D打印机自行制作小样甚至成品。新技术的出现难免会对传统手工艺带来冲击，而这些冲击带来的影响总是分A、B两面。每一种现存的传统手工艺都曾是"当代的手工艺"，都是经过无数次的动荡和革新才一路走到今天。

但是技术的出现确实在某种程度上模糊了手工艺和机器制造的界限。如果不出意外，机器和手工之间在技艺层面上的差距会越来越小，终究有一天，机器会全面超越手工。从那一刻起，手工艺的存在或许完全失去了在技艺层面上的价值，但是这些经过历史沉淀下来的资源依然是全人类的宝贵财富。今天在非物质文化遗产项目的推动之下，越来越多的传统手作项目得以被保护。但是这些保护措施只能延缓传统手工艺的消亡，传统手工艺未来的发展需要适应未来社会的发展，不断吸引年轻人加入，不断推陈出新，才能真正被继承。

梅兰妮·鲍尔斯（Melanie Bowles）是切尔西艺术学院的高级讲师，也是一名纤维艺术家，专注于研究传统纺织品与数字技术之间的关系，通过翻译传统技术，借由印刷和刺绣突破数字技术的界限，打造"数字工艺"，探索手工艺与数字技术的结合，在当代景观中寻求纺织品设计的新语言。数字扎染是她的一个研究项目，旨在利用数字打印技术的尖端工艺来研究传统设计的方法。她将传统蜡染的图案收集和整理出来，完全用数字技术去创作符合当代审美，同时又保持传统扎染神韵的作品。作品数字扎染参加了由马克斯·弗雷泽策划的英国工艺委员会巡回展，主要探索"数字"工作是如何"工艺"的。她利用数字技术的简便性，使人们可以使用个性化的图案来制作纺织品，从而填补人们和工业化面料之间所缺失的情感联系。

2018年，她和密斯·凡德罗创立了缝合学校（Stitch-School）网站，其目的是通过数字技术的辅助和材料包让普通人可以简单快速地进行刺绣创作。同时，通过刺绣课程、研讨会和围绕大型社区举办的社区活动，让大家手工完成大型桌布刺绣，通过缝合和缓慢的谈话，使人们走到一起，共同创建一个属于社区的艺术作品。Melanie Bowles的项目一直在探讨数字技术与传统手工艺之间的关系，除了此消彼长以外，或许它们之间可以通过艺术家的努力而共同发展（图2-26）。

图2-26
数字扎染面料
/Melanie Bowles

当代3D打印和传统工艺很少在同一创作中相遇。它们往往生活在不同的世界。阿米特·佐兰（Amit Zoran）主张合并这两种看似矛盾的事物，寻求数字实践和传统工艺之间的对话，创造一个混合领域，尊重其双重起源。为此，Zoran专门走访从事竹编工艺的手工艺者，深入了解他们的制作技艺和历史，并最终完成了混合篮子（Hybrid Basketry）这个作品（图2-27）。这是一个通过3D打印来制作主体结构，并在打印的主体结构上手工编织图案的新物体。3D打印的塑料元素通过曲线和动态来体现物体的型态美，而手工编织的竹片、黄麻和帆布纤维则为物体注入了独特的有机的吸引力。

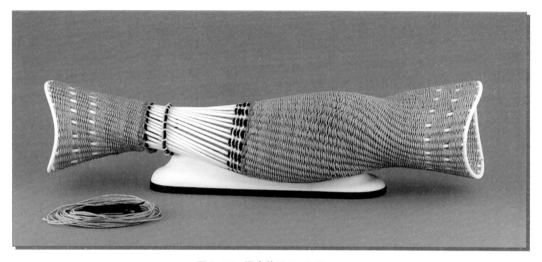

图2-27　混合篮子/Amit Zoran

第三章

材料与当代造物

Materials and Making

3.1 当代造物中的传统材料

3.1.1 金属与金工工艺

金属是一种具有良好延展性，易导电导热，抛光后具有美丽光泽的物质材料，与石材一样是坚固强硬的象征。属于金属的材料有金、银、铜、铁、锡、铝等，常见以及常使用的也大约是这几种。金、银属于贵金属，因其产量小而珍贵，传统上常用来做首饰，铜、铁常用于制作大型雕塑。一种金属可以混合其他金属或添加非金属元素通过合金化工艺，得到比纯金属元素的特性更好的合金，如黄铜❶、白铜❷、青铜❸、碳钢❹、不锈钢❺等。

金工，指金属的加工工艺，传统金工多指首饰打金工艺，所使用的材料多是贵金属，当代金工已无这方面的绝对限制。金属良好的可塑性和延展性，使得几乎任何形式的表现都成为可能，无论如何，金属不外乎有以下几种加工方式。

（1）切割与焊接

切割与焊接是最基本的造型方法。前者是使用手锯、车床或激光等方式切割金属以达到自己想要的形状，后者使用钎焊、电焊或气焊等方式对金属进行无缝连接。二者亦可理解为直接进行金属雕塑，切割为做减法，焊接为做加法。

丹麦艺术家金姆·巴克（Kim Buck）经常使用最简单的方法制作首饰。图3-1所示的作品钻石戒指（Diamond Ring）是将金属切割出一枚钻石戒指的平面展开图形，将之折叠起来就是一枚立体的钻石。这是对钻石这一象征意义大于实际价值的材料的幽默模仿，也意在提出首饰的价值是材料本身，还是它所代表的社会契约含义的疑问。而他的Gold Heart，Signa-Intima（金制的心），由数个戒指焊接组成饱满立体的心型，以金属戒指为材料，"捏"出一枚心，具象地揭示了戒指的契约意义（图3-2）。

---

❶ 铜与锌的合金，黄色，具有较强的耐磨性能。
❷ 铜与镍的合金，银白色，强度与可塑性高，不易生锈。
❸ 铜加入锌、镍以外的金属所产生的合金，与纯铜（紫铜）相比，强度高且熔点低，易于铸造。
❹ 铁碳合金，含碳量在0.02% ～ 2%之间，碳含量越高钢质越硬且脆，碳含量越低则钢质越软且越耐延展。
❺ 铬含量在10% ～ 30%的一类合金钢的总称，不易腐蚀生锈。

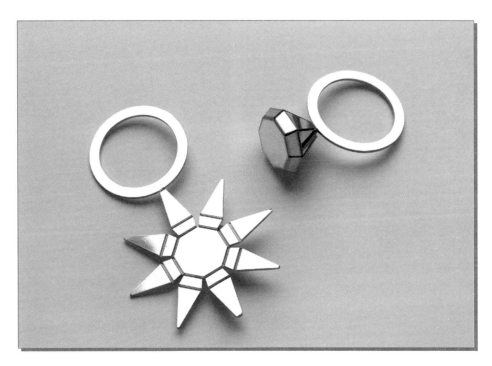

图3-1　钻石戒指/Kim Buck

图3-2　金制的心/Kim Buck

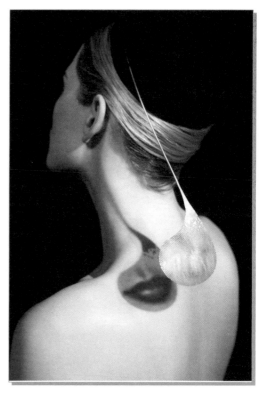

图3-3 旋风台灯/Thierry Vidé   图3-4 唇帽/Maiko Takeda

　　在金属板上打孔，可以使金属透光，从视觉和质量上获得轻盈感。蒂埃里·维代工作室（Thierry Vidé）出品的灯具（图3-3），以不锈钢板为材料，打上细密的孔之后进行镜面抛光，镜面不锈钢本身对光就具有强反射作用，小孔又使光透过去一大半，灯光之下便出现一种闪闪发光的迷雾感。武田麻衣子（Maiko Takeda）制作的首饰，是通过打小孔在金属片上形成图案，佩戴的时候，光线透过它打在佩戴者身上，于是人佩戴了光（图3-4）。

（2）铸造

　　从青铜时代起，人们就学会了制范铸铜。无论是使用合范法还是失蜡法，铸造过程都是将金属热熔之后，倒入预先制好的中空的模具内，待冷凝后取出加以修整即得到成

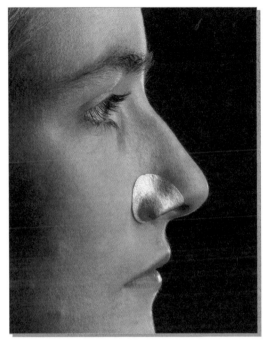

图3-5　鼻孔，为Barbra Seidenaht设计 /
Gerd Rothman

图3-6　鼻子内部，以Daniel Fusban为模子 /
Gerd Rothman

品。二者的区别在于"范"是否需要分离。金属铸造所使用的模具（即范）必须是耐火
材料，且一般只能使用一次。合范法是先制作想要铸造的原型，在原型的轮廓上覆盖制
范的材料❶，将范分离，去掉原型，即得到中空的范。失蜡法是将原型用蜡制作，直接向
蜡型上覆盖制范的材料❷，然后将范加热融掉蜡型即得到中空的范，此法不必将原型取出，
能够铸造出形状复杂、细节精密的物品。金属对细节的表现力可以说无与伦比，只要模
具上有，金属就能复制下来。

　　格尔德·罗斯曼（Gerd Rothman）创作的翻制自真实人体的首饰，探讨首饰与身体
的关系。在这些首饰中，金属细腻地再现了皮肤的肌理，质感上却又不同于柔软的皮肤
（图3-5、图3-6）。

----

❶ 古代多用陶范，现代金属铸造中的简单造型常用沙箱。
❷ 耐火砂浆。

（3）冲压

也是使用模具，借助冲压设备，对金属材料施以强压力，得到合模具的造型。金属无需热熔，冲压模具多使用钢材，模具可以反复使用，但是囿于脱模的限制，不能够制造过于曲折的造型，常用于汽车外壳、币章的制造。

格扎维埃·波沙尔（Xavier Pauchard）设计的A型椅，椅面就通过冲压制成，椅腿一定角度的弯折使平面板材具有刚性，足以支撑重量（图3-7）。

（4）锻造

是一种等量加工方式，即锻造的过程中材料不加不减，是一种基于金属极好的延展性而生的工艺。锻造时，把材料加热后，用锤子锤击，使它发生塑性变形，制成所需形状，也可以利用模具更好地控制造型。传统手工锻造技法被称为锤揲与錾刻，手工捶打所制造出的肌理，也可以成为一种装饰；錾刻则是以锤子作用于錾子敲击一定厚度的金属，使其表面凸凹起伏，使用不同型号的錾子分别可以刻字、做肌理甚至浮雕。

图3-7　A型椅/Xavier Pauchard

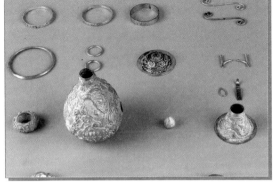

图3-8　金色大地/Roni Horn　　　　　　　　图3-9　九龙壶/刘骁

　　美国艺术家罗尼·霍恩（Roni Horn）的作品《金色大地》（Gold Field）（图3-8）是一件几乎没有体积的雕塑，她将纯金锻至极薄，铺在一方地上。菲利克斯·冈萨雷斯·托雷斯（Felix Gonzalez-Torres）形容它是"一片从未见过的景色，一条可能的地平线，一个栖息之地，以及绝对的美丽。等待着真正的观者去往一个想象之域的意愿和需要"❶。

　　首饰艺术家刘骁思考并困扰于传统手工艺和当代手工艺艺术之间的割裂，决定暂时放弃艺术学院的自我，遵循云南鹤庆传统银器錾刻工艺，学习打造一把当地银器产业的代表产品——九龙壶，每当一个零部件被师傅认可，可以开始组装成壶时，他在这个环节停住，留下分散的抽象且陌生的零部件。图3-9是他的《九龙壶》。

（5）镶嵌

　　金属坚硬，熔化后又能铸成任意形状，因而可以与各种材料无缝结合并保护其他材料，这就使金属成为最好的镶嵌材料。金属几乎可以镶嵌所有材料，比如宝石、珍珠、木、陶瓷、照片，具体方式有爪镶、包镶、柱镶等，还可以将金属之间互嵌，如古代青铜器上的金银错工艺。19世纪，英国流行一种镶嵌着"爱人之眼"微型画面的首饰，金属包镶的画面上只有一只眼睛，外人根本无法辨认属于谁，承载着只有爱人之间才能读

❶ A new landscape, a possible horizon, a place of rest and absolute beauty. Waiting for the right viewer willing and needing to be moved to a place of the imagination.

图3-10 "爱人之眼"微型画首饰/19世纪早期

出的秘密（图3-10）。

（6）线材

将金属拉成线，可以直接造型。金属线足够细可以进行编织，营造轻盈飘逸的感觉。传统花丝工艺就是将金、银拔成细丝，编结成型。

吉斯·巴克（Gijs Bakker）1974年做的《艾米·范·利森的轮廓装饰》（Profile Ornament for Emmy van Leersum），使用一横一竖两根弯曲的不锈钢线画出女子的面部轮廓，不锈钢的刚性使这件首饰不佩戴时也能够保持造型（图3-11）。

张凡的"衍异"系列作品就是对中国传统花丝工艺的再造，使用金丝编织，但做的是无定型的造型，更像一件衣服，会随着不同的佩戴方式而变化（图3-12）。

图3-11 艾米·范·利森的轮廓装饰/Gijs Bakker

图3-12 衍异6/张凡

（7）3D打印

又称增材制造、积层制造，是根据计算机三维模型数据，自动逐层增加材料的成型方式，无需制作复杂的模具，借助计算机可以做出模具和手工都无法完成的造型。由于逐层制造，遇到悬空造型时需要打印支撑结构以免变形，这一点在计算机端就需要计入考虑范围。珠宝首饰行业是最早采用增材制造技术的领域之一，现已普遍采用3D打印蜡模，继而失蜡铸造。目前针对金属烧结

图3-13　爱就是答案/Gilles Azzaro

或熔化的技术主要有选区激光烧结（SLS）、直接金属激光成型（DMLS）、选区激光熔化（SLM）、电子束熔化（EBM）、激光熔覆式成型（LMD）。随着这一技术近年来的蓬勃发展，金属打印的强度等性能都在提升，对于传统工艺来说是一项重要补充。

法国艺术家吉尔斯·阿扎罗（Gilles Azzaro）在2015年巴黎恐袭事件之后制作了《爱就是答案》（Love is the Answer），将"Love is the Answer"这句话记录成金属的形态，并制成可以佩戴的吊坠（图3-13）。

（8）表面处理

金属材料成型后一般会进行表面处理，通过一些物理、化学、机械或复合方法，既可以美化外观，也能够提高表层性能，如抗氧化性、耐磨性、耐腐蚀性等。也有的作品需要增加材料的磨损腐蚀度，具体技法有酸洗、打磨抛光、表面镀层等。

酸洗是一种清洁方法，利用酸溶液去除金属表面的氧化皮。

打磨抛光，可以用物理或化学方式，手工或借助动力工具，根据需要对金属表面进行处理，以获得光滑或粗糙的表面效果。

金属表面镀层自古有之，比如传统鎏金工艺是将金熔于水银之中，涂在器表需要镀金之处，加热使水银蒸发，再用玛瑙压光表面。现代多用电镀，利用电解原理，将导电金属表面镀上一层其他金属。除了保护作用，表面镀层也是一种上色方式，尤其是镀钛可使金属表面具有虹彩。

图3-14 云门内部/Anish Kapoor　　　　　　图3-15 云门/Anish Kapoor

另外金属表面还可以画珐琅、做化学热着色等，无论什么工艺，最终都是为作品服务的。固然有一些作品就是其工艺本身，但这对工艺的不着痕迹有着更高的要求。安尼施·卡普尔（Anish Kapoor）的《云门》（Cloud Gate）（图3-14、图3-15），每一块数控精确加工的不锈钢板被单独固定在漂亮的桁架上，相邻的不锈钢板几乎严丝合缝地对位，之后经全穿透激光焊接，再由粗到细逐级打磨抛光，直到消灭焊缝，整个雕塑光滑且浑然一体，是堪称完美的技术，更不用说其材料。但是这些都看不见，观众看不见那精确构造的、一半埋在地下、一半焊死在雕塑里面的桁架，看不见顶级焊工的完美焊缝，只看见一颗亮晶晶的豆子，照映着城市。

3.1.2　玻璃与玻璃工艺

玻璃是一种透光、具有对光的高折射率、在一定温度下具有可塑性、具一定硬度但易碎的材料。玻璃工艺是一门技巧性极强的工艺。中国古代称玻璃为琉璃，战国时就制造出美丽的蜻蜓眼琉璃珠。也许是陶瓷的长足发展限制了玻璃的运用，本土产玻璃材料不耐使用，工艺难于陶瓷且价格又昂贵，玻璃在中国始终未能深入发展，直到近代才进入工业领域进行大批量生产。而在欧洲各国，玻璃自古就扮演着重要的角色。

一般认为最早的玻璃器物是古埃及人制作的。当时尚无吹制技术，使用的是"沙芯法"，首先用沙混合黏土等耐火材料制作内芯，也就是器物中空的那一部分体积，之后将内芯浸入熔融的玻璃液，在其外表均匀裹上一层玻璃，进而趁热在表面加工其他装饰，冷凝后去除沙芯即可。建立在古埃及人、腓尼基人的经验之上，古罗马的玻璃制造业蓬勃发展，工艺多样，除了玻璃吹制技术，还有"宝石浮雕玻璃"工艺❶等。随着平板玻璃技术的发明，中世纪时人们将玻璃应用到建筑上，大量教堂出现了用铅丝和彩色玻璃拼成的玻璃花窗。文艺复兴时期的威尼斯全面继承了欧洲传统玻璃工艺，并受到伊斯兰玻璃工艺的影响，成为玻璃制造业的中心，玻璃胎珐琅等已有工艺进一步发展，此外还研制出透明度很高的玻璃。影响蔓延至欧洲各国，各国均重视发展玻璃制造业，创制新工艺，如德国将宝石研磨技术应用到玻璃上，制作出精密的刻花玻璃制品。到了19世纪，英国建筑师约瑟夫·帕克斯顿（Joseph Paxton）设计建造的世界博览会展馆"水晶宫"，将玻璃大面积应用到建筑上。工艺美术运动又推动艺术介入工艺生产，玻璃工艺得到发挥。至此，这一材料已经广泛地应用在建筑、日用轻工等各行业，成为大工业生产中的重要组成部分。

　　20世纪60年代，始于美国的"玻璃工作室运动"给玻璃产业带来重大改变。哈维·利特尔顿（Harvey Littleton）以及他的伙伴研制出使玻璃能在足够低的温度下被熔化的配方，以及适合普通室内的小型炉子，使玻璃制造脱离大工厂的限制，进入个人工作室，同时他们将玻璃以及玻璃工艺引入大学教育，将玻璃带入非功能性的艺术创作领域。

　　一件玻璃制品从原料到成品，需要经过熔制。具体成型工艺根据加工过程是否加热，可以分为热加工工艺和冷加工工艺。玻璃没有固定的熔点，600℃左右即开始软化，由脆性固态转变为黏性液态的过程发生在一段温度区域内。将玻璃加热到这一温度区域时就可以利用金属工具对玻璃进行直接塑型，基于这一点的工艺属于热加工工艺。

（1）热加工工艺

　　热加工工艺主要有以下几种。

---

　　❶ 代表作是藏于伦敦大不列颠博物馆的《波特兰花瓶》。据推测，其技法借鉴自宝石浮雕工艺，将刚制作尚未冷却的深色玻璃浸入白色玻璃液中，形成浅色外壳，取出冷却后，在白色表面剔刻出浮雕图案。

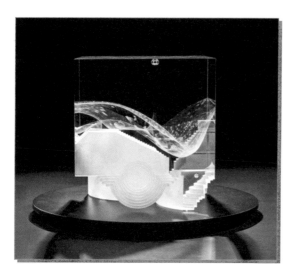

图3-16 立方体/Steven Weinberg

图3-17 对角线
/Stanislav Libenský & Jaroslava Brychtová

1）窑铸

利用模具铸造玻璃，与金属铸造工艺类似，将玻璃原料投入耐火模具，再将耐火模具入窑，待温度升至1000℃以上，使玻璃充满模具，冷却后取出，适于制作实心玻璃制品。

斯蒂文·温伯格（Steven Weinberg）的作品沉重而静谧，他准确地控制玻璃铸造的过程，使气泡像烟雾一般萦绕在透明的玻璃里（图3-16）。

捷克艺术家斯坦尼斯拉夫·利宾斯基（Stanislav Libenský）和加斯洛瓦·布瑞赫托娃（Jaroslava Brychtová）在薄薄的几何形玻璃体中间创造空间。斜切的角度使光透过的时候程度不同，使雕塑既厚重又通透（图3-17）。

2）吹制

是玻璃独有的工艺，可以借助模具，也可自由吹制。自由吹制是用金属制吹管蘸取熔融的玻璃液，吹管需要先加热至适当温度，方便粘住玻璃液，将之放在滚料板或铁碗中滚压，以达到一定形状并均匀分布，然后吹气，一边辅以剪刀、夹钳等塑型工具快速造型，一边还可在这个过程中加入其他色彩的玻璃。在玻璃配合料中加入着色剂，经熔制和热处理后可以得到各种不同颜色的玻璃。

图3-18 漂浮船、太阳和红色芦苇/Dale Chihuly

戴尔·切胡利（Dale Chihuly）使用并不复杂的工具，将玻璃吹出几乎宏大而妖艳的有机形态，组成色彩饱满的大型装置（图3-18）。

模具吹制是取料后，直接放入模具中吹制，使玻璃均匀地充满模具内部空间，冷却后再取出。模具一般为金属模具，也可以用木质模具。弗朗索瓦·阿臧堡（François Azambourg）的道格拉斯（Douglas）花瓶，就是采用木质模具吹制的，表面保留了木材的肌理（图3-19）。

3）拉制

不用模具，仅使用一些特制工具，如钳子、剪刀、镊子、夹子、夹板、样模等将玻璃液直接抻拉塑型。拉制工艺可用来制备玻璃管、玻璃纤维。

谢娜·莱布（Shayna Leib）的STINIVA系列作品，用各色玻璃管呈现出自然力量给予人的印象（图3-20）。

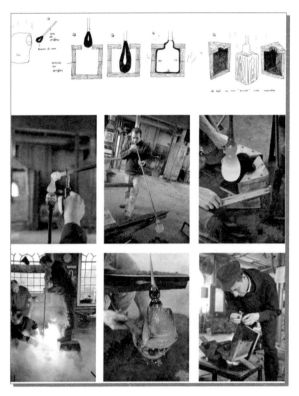

图3-19　道格拉斯花瓶/François Azambourg　　　　图3-20　STINIVA III /Shayna Leib

4）灯工

是基于小型工作室无法操作较大设备的制作方法。以预制好的玻璃管为材料，在喷灯火焰上一边加热，一边进行弯、吹、按、焊等加工成型。

近年来，3D打印在玻璃材料上也有研究，其基本原理与熔融沉积成型打印类似，但由于玻璃需要高温熔融以及退火，这使得打印精度难以控制，还需要技术上的进一步发展。

除玻璃纤维和小型制品外，几乎所有玻璃制品都需要退火。玻璃制品在生产过程中，由熔融液体变为脆性固体，会经受激烈、不均匀的温度变化，制品内外层会形成温度梯度，使其硬化速度不一样，在制品中产生不规则的热应力。在冷却、存放、使用或加工中，当应力超过制品的极限强度时会自行破裂。退火就是一种可使玻璃中的热应力尽可能地减小至允许值或消除的热处理过程。具体操作方式是将玻璃制品放入退火窑中，加热至退火温度，保温足够长的时间，再以缓慢的速度冷却。

（2）冷加工工艺

通过机械方法改变玻璃制品外形的工艺属于冷加工工艺，通常用于深加工。玻璃的硬度较高，可以使用硬度更高的材料如金刚石进行切割研磨，制造出清晰的边缘和肌理，这是热加工无法做到的。传统手工切割平板玻璃是用顶端镶了金刚石或合金滚轮的刀，现今激光切割和高压水刀切割技术可以使切割更流畅、切面光滑，还可以用直磨机直接雕刻玻璃。

丹尼·莱恩（Danny Lane）擅长用普通蓝绿色平板玻璃切割叠摞的方式，制作大型装置、雕塑、家具。如图3-21所示，作品侧面通过不规则的切割呈现自然的肌理，照射到桌子的光线越来越难透过自上而下层层叠加的玻璃，当观者从上方俯视时，像是望向越来越深的海底。

约翰·库恩（John Kuhn）的作品在每层玻璃中间画上图案，然后一层层堆积粘接，再进行切削研磨、抛光，最终的成品光华璀璨（图3-22）。

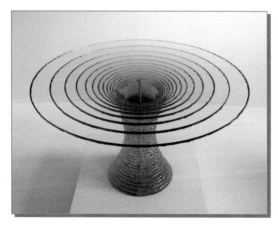

图3-21　翠绿色的桌子/Danny Lane

图3-22　红色狂想曲/John Kuhn

图3-23 容器/Philip Baldwin & Monica Guggisberg　　图3-24 N34/Alessandro Diaz de Santillana

　　玻璃器物成型后的表面处理工艺有雕刻、研磨抛光、喷砂❶、蚀刻❷、画珐琅❸、镀银等。

　　《波特兰花瓶》采用的就是表面浮雕装饰，难度缘于玻璃的硬度，手工制作费时费力，故而产量很少。

　　研磨、抛光是两个不同工序。磨料硬度必须大于玻璃硬度，主要有刚玉、金刚砂或石英砂，常见的抛光材料有氧化铁、氧化铬、氧化锆等，抛光过程需要用水冷却和除尘。制作精密的光学玻璃必需要经过这一步。哲学家斯宾诺莎就曾经以磨制光学镜片为生。

　　菲利普·鲍德温（Philip Baldwin）和莫妮卡·吉吉斯伯格（Monica Guggisberg）一直致力于意大利传统切割工艺，以及吹制多层玻璃器工艺，通过对玻璃表面的切割研磨，透出表层与底层不同的色彩，编织图案和颜色，形成抽象的纹理（图3-23）。

　　16世纪，威尼斯的玻璃匠人发明了在平板玻璃上镀水银的工艺，制作出第一面玻璃镜子，到今天已有各式各样的玻璃镀膜。亚历山德罗·迪亚兹·德·桑蒂利亚纳（Alessandro Diaz de Santillana）的祖父是威尼斯老牌玻璃作坊Venini的创始人，他自小便在玻璃工厂长大。他的作品体现了传统与当代的交汇，传统平板玻璃工艺是先吹制一个圆筒，然后切开展平，亚历山德罗会在此时介入，挑起微妙的褶皱和起伏，然后在表面镀膜，映照出光影变幻（图3-24）。

---

❶ 喷砂是在成型的玻璃表面喷砂造成粗糙的玻璃表面。
❷ 蚀刻是用氢氟酸溶掉玻璃表面的硅氧膜，根据残留盐类的溶解度不同，而得到光泽或粗糙的表面。
❸ 画珐琅是用珐琅彩绘在玻璃表面，入窑二次烧成的工艺。

3.1.3　陶瓷与陶瓷工艺

陶瓷，是陶与瓷的统称，指所有以黏土等无机非金属矿物为原料，经高温烧结的制品。所用原料大部分取自自然界的硅酸盐矿物（黏土、长石、石英等），与玻璃、水泥等同属于硅酸盐工业范畴。

一件陶瓷制品的诞生，大约要经过原料、成型、烧成三个过程，另可根据需要施以装饰。陶与瓷的差别在于，陶的原料为普通黏土（即陶土），烧成温度不超过1300℃；瓷的主要原料为长石、石英、高岭土❶，烧成温度范围约在1250～1450℃。成品表现为陶制品质地粗松多孔，吸水率较大，发色从红色到暗黄色不等；瓷制品更为致密细腻，基本不吸水，洁白微透光，可达到完全玻化。其间还可以细分出土器、精陶、炻器。

最初世界各地烧制的都是陶，在陶器被发明之前，人类只能改变材料的形状。恩格斯在《家庭、私有制和国家的起源》中认为："陶器的制造都是由于在编制的或木质的容器上涂上泥使之能够耐火而产生的。在这样做时，人们不久便发现，成型的黏土不要内部的容器，同样可以使用。"泥土经过高温，改变了性质，变得致密而坚硬。陶土取给容易，差不多各地都能就地取材，经过简单淘洗就可以使用。而色白致密的瓷器较难以单一黏土矿物原料制作。天然瓷石是多种矿物的集合体，其中包含构成瓷的各种成分，烧制后色白，但原料可塑性差，含易熔成分多，耐火度低，至景德镇周边发现高岭土——一种主要由高岭石组成的纯净黏土，可提高坯料可塑性、提高烧成温度、扩大烧成温度范围，从此发展出瓷石-高岭土二元配方，极大地改善了瓷器的品质。由于完全玻化，硬度提高，细腻透光，景德镇产瓷器在明清时期独步天下。不同地区所产的原料性质各异，且天然出产的黏土很少能单独用来制坯，一般需要几种原料配合，因此市面上可供选择的坯料有很多种，还有一些人喜欢自己配制，除必要原料外，还可以掺入纸浆、陶渣、玻璃碴、着色剂等。材料没有高下之分，最好还是根据需要来选择。

（1）成型工艺

根据坯料性能和含水量多少，可以将陶瓷成型工艺大致分为可塑成型法、注浆成型

---

❶ 长石、石英、高岭土是长石质瓷的原料。长石瓷质是目前国内外日用陶瓷所普遍采用的瓷质，此外还有以瓷石和高岭土为主要原料的绢云母质瓷、以磷酸盐为基础的骨质瓷、以滑石为主要原料的镁质瓷。

法、干压成型法。

1）可塑成型

用于可塑成型的坯料含水量为18%～26%，质地为泥状，适于手工塑造，具体有以下几种方式。

① 手捏

黏土是最廉价且易得的材料，手捏则是最简单的成型方法。对于在市场上买到的用练泥机挤压好的整条泥，使用之前需要揉泥，使内外质地均匀，也可排除气泡，避免烧成时出现问题。做较大的作品时，为了烧制顺利，有必要在坯体半干时进行掏空，需要注意确保坯体内外空气可以顺利流通。无法掏空时，可以通过翻制得到阴模，再印坯成型。

朱迪·福克斯（Judy Fox）的大型陶质雕塑完全手捏成型，一边干燥一边进行细致塑造，由下至上逐层制作、烧制，最后拼接在一起（图3-25）。

安东尼·格姆雷（Antony Goomley）的《土地》（图3-26），是一项与世界各地人民合作的项目。他与各地居民一同手工制作陶泥小人，达到数万以至数十万个，每个小人长得都不一样，挤挤挨挨地站在地上，看向同一个方向，极为震撼。

② 印坯

是利用模具塑型的方式。首先需要制作模具。石膏是很适合做模具的材料，与适量的水混合后能迅速固化，还具有很好的吸水率。用于制作陶瓷的模具必须是活模，要保

图3-25　萨梯/Judy Fox

图3-26　土地/Antony Goomley

图3-27　梦与记忆之间/李伶美

证坯体脱模顺利。一般手工印坯的方法是，将泥切成厚度均匀的泥片，尽量贴合模具内部铺平，再以手均匀压实，并在接合处拉毛后涂以泥浆合模，等坯体半干可以脱模时，打开模具将坯体取出。

　　韩国艺术家李伶美（Lee Young-mi）的作品（图3-27）使用景德镇传统雕塑瓷的印坯工艺，和高白度以及高透明度的瓷质。活模印坯的可复制性带来了一定的便利，但为了去除手工印坯的痕迹，仍然要经过精工修坯，不施釉面，凸显净白细腻的纯粹质地。

　　③ 轮制

　　即拉坯，是陶瓷史上一个重大的技术革命，也是器皿类陶瓷制品的主要成型方式，由人工在转动的陶轮或辘轳上将泥推拉成型。最初由人力驱动转轮，现在已被电动拉坯机取代。拉坯成型的器物挺拔规整，同时器物表面会形成有韵律的纹路。拉坯完成之后通常还需要进行修坯的工序。

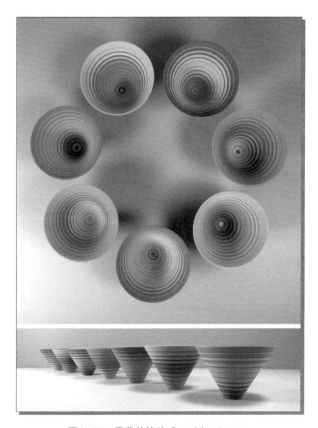

图3-28 震荡的流动/Sara Moorhouse

图3-29 镰仓/Georges Jeanclos

萨拉·穆尔豪斯（Sara Moorhouse）制作的器皿在拉坯机上成型后，经过素烧再回到拉坯机上用釉下彩绘制，罩以无光釉烧成。抽象的彩色线条匀称工整，但由于器物的形状变化造成了视觉上的粗细变化，制造出一种欧普艺术般的视幻觉，尤其从上面看时会引起眩晕感（图3-28）。

④ 泥片与泥板

将泥切割或擀压成片状，趁湿可以卷曲，用报纸放在中间支撑，能够做出自由流畅的造型；泥片半干呈泥板状时可以做镶器，即用半干泥板拼接出棱角分明的方形器物。

乔治·让克洛（Georges Jeanclos）的灰色陶制雕塑（图3-29），头部采用印坯成型，其他部分用泥片裹成，或保留割线切割泥片的纹理，或通过摔、打形成自然肌理，任其残破而不加过多的塑造，最大程度保留泥的质感。

玛丽莲·莱文（Marilyn Levine）用陶瓷模仿生活中的皮革日用品，采用仍保有一定可塑性的泥板成型，巨细无遗地再现皮革表面的光泽和磨损，几可乱真，赋予物品以永恒的历史感（图3-30）。

恩瑞克·梅斯特（Enric Mestre）的创作是一个理性分析的过程，通常是不同形状的方盒子的组合，通过微妙的位移和倾斜，制作出建筑般的陶制品，其釉色往往极简而冷静（图3-31）。

⑤ 泥条

是古老的成型方法，起初主要应用于盘筑大缸，方法是将泥揉成长条状，按照计划中的造型一圈一圈地向上盘筑并压紧。过去人们会将泥条盘筑的器物内外刮压平滑，但是现代陶艺家往往会特别保留泥条的肌理效果。比如周国桢用大缸泥盘筑动物雕塑，大缸泥是从田地间取得的陶土，杂质多而疏松，辅以意像化的造型，成品粗犷而老辣（图3-32）。

以上几种工艺主要用于手工塑型。目前工业化生产中采用的可塑成型法有旋压成型、滚压成型、塑压成型，用于生产盘、碗、杯等造型相对简单的器物。

2）注浆成型

用于注浆成型的坯料含水量为30%～40%，呈流动液体状。基于石膏模具吸水率好的特性，将泥浆注满模具，水分被模具吸入一段时间便形成具有一定厚度的均匀泥层，再将多余泥浆倒出，待坯体半干取出即可。为了增加泥浆在模具内的流动性，还会加入0.25%～0.5%的悬浮剂，悬浮剂还能减小制品的干燥收缩率，

图3-30　亚历克斯的手提箱/Marilyn Levine

图3-31　关于几何的激情/Enric Mestre

图3-32　角马/周国桢

图3-33　上升/Scabetti工作室　　　　　　　　　　　图3-34　浅滩/Scabetti工作室

提高生坯强度。

　　Scabetti工作室擅长制作由小件注浆元件组成的装置类陶瓷灯具，元件使用英国骨瓷注浆制作，透明度较高（图3-33、图3-34）。

　　3）干压成型

　　干压成型又称模压成型，所用坯料含水量控制在1%～8%，呈粉状，加入少量黏结剂造粒，将粒状坯料置于金属模中，在压力机械作用下压制成型。

　　穆斯塔法·埃尔·乌拉尼（Mostapha Ei Oulhani）、杰罗姆·加尔松（Jerome Garzon）和弗雷德·西奥尼（Fred Sionis）设计的化石（Fossile）书架，由多个模压成型的蛋形镂空陶制元件组成，表面锯齿使其在叠放时互相咬合稳定（图3-35）。

图3-35　化石/Mostapha El Oulhani & Jerome Garzon & Fred Sionis

除以上介绍的方法之外，还有许多特种陶瓷及其成型方法不在此讨论。

（2）烧制工艺

泥坯的成型仅仅是完成了一部分工作，下一个步骤是烧制。在整个烧制过程中，制品在窑内经历了不同的温度变化和气氛变化，既有氧化、分解、新的晶体生成等复杂的化学变化，也伴随有脱水，收缩，密度、颜色、强度与硬度的改变等物理变化，并且这些变化总是相互交错进行。部分工艺比如釉上彩还需要二次烧成，最终成器。

最初的烧制方法是平地堆烧，温度较低，后来为了保温便挖穴焙烧，渐渐有了各式各样的窑炉。按其操作过程是否连续，可分为连续式窑炉和间歇窑炉两大类。大工业生产主要使用连续式窑炉，常用隧道窑和辊道窑；中小型陶瓷厂与工作室手工制瓷一般使用间歇窑炉，常用梭式窑，其容积可大可小，建筑费用低，生产具有灵活性。具体而言，按照燃料可分为柴窑、煤窑、气窑、电窑等；按照火焰流动方向可分为升焰窑、平焰窑、倒焰窑等；按形状分有圆窑（又称馒头窑）、隧道窑、辊道窑、阶级窑、龙窑、钟罩窑、蛋形窑等；按照用途分有干燥窑、素烧窑、釉烧窑、烤花窑等。

影响陶瓷烧成的因素包括温度、气氛、压力三个方面，温度和气氛应根据不同制品的不同需求来调整，压力是保证温度和气氛实现的条件。在烧制的十几个小时中，不同阶段的温度不一样，通常用温度曲线来表示，记录升温速度、止火温度、保温时间和冷却速度。升温速度取决于坯体含水量、坯体厚度、窑内装坯量、原料纯度等。当坯体进窑时，如果水分高或坯体较厚，若升温太快易引起坯体内水蒸气压力增高，从而导致坯体开裂甚至炸裂。止火温度应在烧结温度范围内，更多地取决于坯料组成。

燃烧气氛的氧化与还原。氧化焰是在空气供给充足，燃烧完全的情况下产生的一种无烟而透明的火焰，操作相对简单。还原焰是在空气供给不充分、燃烧不完全的情况下产生的一种有烟而浑浊的火焰，主要作用是把坯釉中黄色或红色的三氧化二铁还原成青色的氧化铁，提高白度。中国南方所产黏土往往含铁量大，因此常用还原焰烧制，典型的还原烧制品就是青瓷。通过调节烧嘴、风机、闸板可以调节窑内气氛。

其他特殊烧制方法有盐烧❶、苏打烧❷、柴烧❸、乐烧❹等。

（3）装饰工艺

也许人类进行装饰的本能，就是思考如何造物的开始。中国陶瓷的装饰工艺在元代形成一个分野，由肌理装饰变为笔绘装饰，这是由于青花瓷的生产成为了主流。陶瓷装饰工艺大约有以下几种。

1）肌理

即泥土的肌理。泥土能塑造成任何形状，几乎可使用一切工具在泥上制作肌理，如划花、刻花、贴花、模具印花等。韩国青瓷有一种代表性装饰手法叫镶嵌，是在泥坯上刻出图案形状，填上颜色不一样的泥土，磨平之后上釉烧制，形成花色。

马克·路佛德（Marc Leuthold）的作品将不同颜色的泥料混在一起制成绞胎，再加以雕刻，形成独特的内部空间，整体呈现一个喇叭状的有机形态（图3-36）。

---

❶ 盐烧是一种烧窑技巧，在烧制过程中引入盐，挥发为钠蒸气，与坯体中的硅土发生反应，能够形成特殊的橘皮釉质感。

❷ 苏打烧可替代盐烧，因为盐烧产生的有毒酸性钠蒸气和氧化物蒸气排到大气中是不环保的。

❸ 传统的烧窑以木柴作为燃料。今天柴烧的主要目的是，追求木柴燃烧产生的灰落在器物表面形成的特殊釉色。

❹ 乐烧是一种低温烧制技术，在烧至约950℃时，先用铁钳将烧红的器物从窑中取出，再埋入锯末中进行还原，能够产生特殊的表面裂纹以及金属光泽。

2）化妆土

原本是在一些产区因本地产的原料不够白净而产生的工艺，即将比较珍贵纯净的瓷土制成泥浆，施于坯体表面形成一种装饰，可以使胎体表面光滑平整，并覆盖胎体的各种不良呈色，掩饰劣质原料。加入各种调色剂的化妆土可以如颜料一样使用。

萨沙·沃德尔（Sasha Wardell）用彩色泥浆涂刷在注浆成型的器物表面，刮掉表层呈现出内部数层泥浆，形成装饰图案。与玻璃相比，刮泥坯要省力得多（图3-37）。

3）施釉

釉是熔融于陶瓷制品表面的一层均匀玻璃质层，属于陶瓷的一部分，而不仅是装饰。从实用性来说，它使瓷器不透水，光滑，易于清洁；从机械性能来说，正确配合的釉层可以增加陶瓷的强度与表面硬度，同时提高陶瓷的抗腐蚀性等性能；从原料来说，釉的成分与坯的原料有共同之处；从烧成来说，釉与坯体是共生的，最

图3-36　受体/Marc Leuthold

图3-37　旋转/Sasha Wardell

早的釉就是作为燃料的木柴烧成灰后落在瓷器表面形成的草木灰釉。景德镇传统灰釉配方就是用釉果❶与釉灰❷配制而成的。

釉料需要在烧制之前附着到坯体上，这一步骤叫做施釉。施釉前坯体需清洁处理，

❶ 即适于制釉的瓷石，其矿物组成与瓷石相似，但熔融温度较低，熔融物具有良好的透明度。
❷ 由石灰石与狼箕草（蕨类植物，在福建、浙江等地也有人用谷壳）堆叠烧炼数次，经陈腐而成。

图3-38　盒子/Koji Shiraya　　　　　　　　　　图3-39　三重/Koji Shirava

以海绵或刷子蘸水洗刷，俗称补水。施釉方法有刷釉法、喷釉法、浇釉法、浸釉法。

　　白矢幸司（Koji Shiraya）的作品基于对陶瓷原料如长石、SiO$_2$，Al$_2$O$_3$，CaO等的一系列化学实验和实践研究。其中，长石是陶瓷生产中的主熔剂性原料，既是坯料的重要成分，也是釉料的基本成分，当温度达到1200℃以上时会熔为滴状玻璃体。"盒子"（Boxes）系列作品就是利用了这一点，制作出似乎熔化了要滴下来的盖子（图3-38、图3-39）。

　　4）彩绘

　　根据陶瓷表面的彩绘是绘于烧制之前还是之后可以分为釉下彩和釉上彩。釉下彩是在成型坯体上直接描绘，再罩透明釉或青釉入窑，在高温下一次烧成，因而釉下彩料需要能够耐高温。釉下彩有青花、釉里红等。釉上彩是在器物已经釉烧完成后，再在釉层表面描绘的工艺，还需经过第二次低温烧成。釉上彩有珐琅彩、粉彩、新彩等，还可以使用印制的陶瓷贴花纸，免去笔绘的过程。此外，釉上还可以镀金、描金等。其装饰技法丰富多样，在此不一一赘述。

　　高木森夫（Akio Takamori）的雕塑造型并不复杂，趋向于类似器皿的造型，没有细节，饱满而完整，表面施以明快的釉下彩绘，描画出结构线以及五官细节，把二维和三维、绘画和雕塑混在一起，类似于陶俑的形式。早期作品更接近于器皿，内外皆有的彩绘已经初现这种混合状态（图3-40、图3-41）。

罗伯特·道森（Robert Dawson）设计的盘子图案，利用计算机对传统瓷器的装饰图样做了变化处理，重新印在盘子上，使之具有视觉欺骗性，给人一种似是而非之感（图3-42）。

3.1.4　木作与木作工艺

木作，也就是木工制作，是处理木材的工艺。《营造法式》将木作分为大木作与小木作。一般来说，大木作指中国传统建筑中的梁柱等主要结构部分；小木作指的是传统木构建筑中非承重木构件、木质家具和雕花等。

木材是人类最早利用的自然资源之一，系纯天然材料，轻巧坚韧、无毒无臭、保温减震、隔热绝缘。木材无需经过任何化学变化，可以其天然的结构形态直接制成成品，这就使材料本身处于关键位置。无论是何种加工工艺，从设计之初到加工过程，都必须基于木材的基本生物、物理和化学性质。

木材源于木本植物的根茎，主要是

图3-40　蹲着的女孩和穿蓝短袖的女孩/Akio Takamori

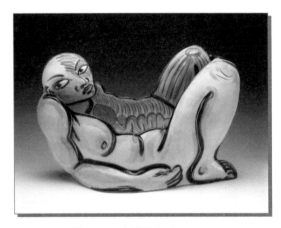

图3-41　人类/Akio Takamori

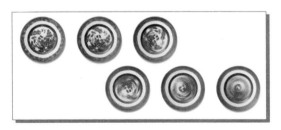

图3-42　旋转/Robert Dawson

树干。树干包括树皮、形成层、木质部及髓，一般把木材定义为树的木质部，也就是有年轮❶的那一部分。

木材不是一种均质的材料。不同树木所出木材在颜色、重量、硬度等各方面都千差万别，如乌木为黑色，香椿、红柳为红色，刺槐、桑树为黄褐色，白杨、冷杉为白色；在环境贫瘠、养料匮乏的情况下，树木生产缓慢，所出木材密度和硬度要高于水养充足的环境下生长的木材；同一种树，在平原与山地长出的木材也不一样；同一棵树的边材与心材也不一样。

木材有纹理，也就是木材细胞（纤维、导管等）的排列方向。纹理有直纹理和斜纹理，斜纹理又可分为螺旋纹理、交错纹理、波状纹理、皱状纹理。木材的直纹理抗拉和抗弯强度很高。一般情况下，直纹理木材强度高，易加工，但斜纹理的木材制作的器物能够形成各种花纹。生瘤长疤的树木称为瘿木，瘿木制成的器物具有极为纠曲美丽的纹理。

木材吸水，含水量的多或少会导致木材湿胀或干缩，过于干燥容易开裂，过于潮湿并长期暴露在温暖空气中的木材易腐朽和虫蛀。进入工业生产的木材需要在干燥窑内，达到最佳干燥状态。

简言之，使用木材必须尊重木材的自然属性。比如在明式家具的制造中，会尽量使用同一根原木完成家具框架。

制作器物的木材边角料可以粉碎后重新粘合制成细木工板❷、纤维板❸、定向刨花板❹等大幅面板材。这类板材价格低廉，常被用来制作组合家具。

除了木材，还有一些相关或类似的材料，如软木和竹子。

软木主要采自栓皮栎的树皮。软木的质地柔韧、疏水、易浮、富有弹性，强度不如木材，除了制作红酒塞子和地板，也可以做家具。

竹子不是树，而是一种具有乔木形态的禾本科植物，生长迅速，机械强度极好，质地坚韧，应用范围很广。整竹可以用来做建筑、家具；竹根可做竹雕；竹片可以压制成板材；竹篾可做竹编；竹纤维可造纸，等等。

---

❶ 年轮是在树木一年一度的生长周期内，通过形成层的活动所形成的木材围绕着髓心构成的同心圆。
❷ 用一定厚度的小木条交错拼组胶合成芯板，正反两面再胶贴薄单板，也叫大芯板。
❸ 以木质纤维或其他植物纤维为原料，添加胶黏剂制成的纤维板，也叫密度板。
❹ 以各种切碎的木材交错叠合压制而成。

不同的材料有其不同的合理用途，应当根据用途和使用条件寻求合适的木材，从而做到适材适用，合理利用资源，减少消耗，降低成本。

木材易于加工，不仅适于手工作业，也便于机械加工，无论是车、铣、钻、磨，还是切、削、锯、解，木材都易于实施。但木材是一种需要人和工具去适应它的材料，所以工具也最为多种多样。

手作工具主要有锛、斧、锯、刀、刨、槌、锉等。锛是用于开大荒❶的传统工具，是一种类似于锄头的斧子。熟练工可以用锛代替刨子将木材表面打平。斧由木柄和一块梯形刀身组成，加长的力臂和沉重的刀身，挥舞起来冲力很大。锯有多种样式，如木框锯、刀锯、线锯等，都是利用密集锋利的金属齿来磨断木材，需要垂直于生长纹理下锯，否则容易被木材夹住。木材容易沿着自身的纹理裂开，在没有电动工具的时候，人们会利用天然的纹理分开木材，称为解木。木雕刀的刀刃在手柄正前方，使用时以刀头抵住木材，尾部用木槌敲击，刀头有各种形状，适于打制不同的造型。刨子由方形刨身和刨刃以一定角度组合而成，用来刨直削平木材。

电动工具主要有木工铣床、带锯、链锯、圆锯机、曲线锯、砂带机、手电钻，等等。其原理与手作工具是一样的，使用起来更省力。结合计算机使用的电动工具有激光切割机、数控机床。

木工作业是工具与材料互相消耗的过程，比如特别硬重的如蚬木、锥木等锯解费劲，损锯费刀；轻软的木材如柳杉、泡桐则要求刀具特别锋利，需要经常磨刀。因此工具需要时时养护，所谓"磨刀不误砍柴工"，保护工具也是手艺人的基本素质。

木作工艺具体如下。

（1）切削

从一棵树到能够被使用的木材，必须要进行切割，截取长度，去掉树皮，根据需要加工成板材或条状，或保留原木状态。木材是切下去就无法恢复原状的材料，木作是以做减法为主的一门工艺，切削锯凿磨、雕刻、旋木都属于做减法，所有的木作工具也都是用来做减法的。

---

❶ 切削大型。

图3-43 Zigi 凳子 /Philippe Hurel

菲利普·于雷尔（Philippe Hurel）制作的凳子仅仅使用实心柚木切削工艺，不回避木材的裂纹，像抽象雕塑般简洁（图3-43）。

（2）拼接

树木的生长限度就是木材的最大尺寸，因此大于这个尺寸的木制品或由加工好的构件组装而成，或是原料拼接后再加工而成。若想拼接稳固，应当使用同一种木材。拼接时可以采用胶粘，或者榫、槽、销、钉结合胶粘，或用连接件连接。

木材具有较好的胶合性能，一般来说，质地松软的木材胶合强度高，胶层越厚强度越低。传统木匠使用鱼鳔熬制的鱼胶，现在多使用白乳胶。

钉接是一种操作简便的连接方式，传统木匠用竹木钉，现在多采用金属钉。钉接会破坏木材纤维，连接强度较低，可以配合胶接使用。

连接件是可拆卸的构件，采用连接件的制品，能够实现完全机械化生产，常用在批量制作的可拆卸家具上。

榫卯适合于硬木。最基本的榫卯由两个构件组成：榫头和卯眼，一个凸出，一个凹入，互相咬合。常见的榫卯有燕尾榫等。榫卯拼合后一般还需要打胶以增强连接。在传统木构建筑和家具中，能够做到无一根铁钉，仅依靠榫卯咬合稳固整个结构。明式家具是其中典范。

约瑟夫·霍夫曼（Josef Hoffmann）设计了用横平竖直的方形木板木条拼接的家具，造型简洁，是早期现代主义家具设计的经典。这样的木条能够实现标准化重复，适于20世纪初机械化大生产的诉求（图3-44）。

傅中望出生于木工世家，后在美术学院学习雕塑，"85美术运动"时接触西方现代主义等思想，由此产生的撕裂感使他无可避免地陷入迷茫。对于木材与木工艺的熟悉和亲切让他找到自己的语言。20世纪80年代末，他开始制作一系列榫卯作品。榫卯成为他安身立命之所（图3-45）。

图3-44　Armloffel椅子/Josef Hoffmann

图3-45　世纪末人文图景/傅中望

从傅中望的实践经历来看，真正属于自己的作品只能是基于自己所处的环境，从亲身体验出发，自然生长的作品。

（3）弯曲

在制作不是横平竖直的木制品时，除了专门寻找天然弯曲的木材外，一般直接切削成型，而这样的话比较费料，且由于切断了木材纤维，强度会降低。此外，还可以使用直纹理木材的弯曲工艺成型。

木材的弯曲能力随含水率的增加而增加。具体操作是，先高温蒸煮木材，再置于特制的钢质模具中弯曲，而后在干燥窑中干燥两天，取出即可得到弯曲的木材。这就是迈克尔·索耐特（Michael Thonet）的14号椅采用的曲木工艺（图3-46）。

图3-46　14号椅/Michael Thonet

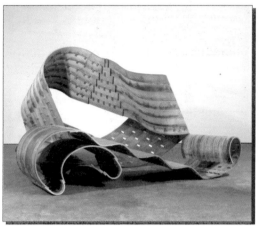

图3-47　帕米奥扶手椅/Alvar Aalto　　　　　　图3-48　UW4DC#17/Richard Deacon

使用模压胶合板工艺，可以制造一整块的曲面。胶合板是由3～15层厚度不一的薄木单板叠合，单板之间涂胶，在一定温度和压力下压合而成。多层木片弯曲胶粘定型后具有很强的抗破裂、抗收缩、抗扭曲和高强度属性。

阿尔瓦·阿尔托（Alvar Aalto）为帕米奥疗养院设计的帕米奥（Paimio）扶手椅就采用了弯曲的桦木胶合板，整个椅子呈柔和的弧线形（图3-47）。

英国雕塑家理查德·迪肯（Richard Deacon）利用曲木和金属钉制作了不少抽象雕塑。作品中木材以其凭天然形态即可成器的性质，和弯曲工艺带来的自由度与限度令人着迷（图3-48）。

（4）木雕

原本木雕是依附于木构建筑和家具上的装饰雕花，是寺庙教堂里的木偶，这样的木雕到现在可以说消失了。现代木雕独立于大小木作之属，成为雕塑的一个子类。

传统木雕工艺（图3-49）所讨论的是怎样打一朵云头，怎样选材，怎样画稿，稿子怎样贴在木材上，怎样持刀，用怎样的刀打几下成型，怎样修光，等等。但不再基于固定模式的木雕不能视为一种工艺，且木雕很难进入工业化生产，无法翻模、无法3D打印，而数控机床所做的木雕往往没有生命力。

图3-49　东阳史家庄花厅
/1916年

图3-50　无声之水
/Katsura Funakoshi

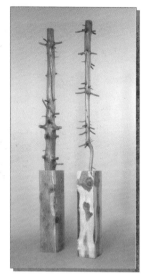

图3-51　Albero di 7 Metri
/Giuseppe Penone

　　舟越桂（Katsura Funakoshi）的木雕使用了日本传统木雕工艺，材料采用传统大木作常用的樟木，又借鉴了传统的玉眼技法，将头像后脑切开，挖空到眼睛处，装入精心涂画好的眼珠。这一处理使他的木雕独有韵味（图3-50）。

　　吉塞普·佩诺内（Giuseppe Penone）从1969年开始制作"重复森林"（Repeating the Forest）系列作品，将加工好的木方，沿着年轮向内一层层剥离至心材，揭露出最初的树苗样子。与其说他做的是木雕，不如说他做的是树，从小树苗到大树再到木材的生命过程被剥开展现，材料在此成为作品的焦点（图3-51）。

　　（5）表面处理

　　一般会在木制品表面进行涂饰，除了装饰，也有防腐、防虫害的作用。

　　打磨是借助砂纸等粗糙物对材料进行表面加工，可以得到平滑或粗糙的表面。如果需要抛光，须由粗到细地将每一步骤打磨到位。有一种沙磨法是在木纹明显的木材上用沙子打磨，使硬度不一的年轮被磨去的厚度不一，从而呈现清晰的凹凸花纹（图3-52）。

图3-52 唐松沙磨茶箱/冰见晃堂　　　　　图3-53 岩石的声音/Liv Blavarp

几乎可以将能想到的任何一种绘画材料用在木材表面，如铅笔、丙烯、水彩、蛋彩、油画，甚至火烧。传统木饰工艺有髹漆、贴金、镶嵌等。

髹漆是以天然大漆涂在木制品表面，大漆采自漆树的树汁，与木材是天生的搭档，能够在木制品表面形成一层具有幽雅光泽的防水、防腐、防虫蛀涂层。涂漆未干时可以贴饰金箔，或挖去一层图案，形成嵌槽，镶嵌以骨、玉、贝等，也可以由颜色不同的木片互嵌。除了可以涂饰天然大漆，还可以打蜡、涂刷各种油漆等。

莉维·布拉娃芙（Liv Blavarp）的首饰主要用木材制成，轻薄的木片使她能够制作更大的造型却不会太重，浅色的木材仔细打磨、上色、组装，营造出流动的造型（图3-53）。

3.1.5　天然纤维与纤维工艺

纤维是纤维制品最微观的组成材料。一切可以连续或不连续的成丝的材质都可称之为纤维。纺织意义上的纤维通常指长宽比在10^3数量级以上、粗细为几微米到上百微米的柔软细长体。

纤维的种类很多，这里主要讨论纺织纤维。纺织纤维可以分为天然纤维和化学纤维。

天然纤维是从自然界中直接获取的纤维，包括取自植物种子、韧皮的植物纤维如棉、麻、棕、竹藤等，取自动物毛发或分泌物的动物纤维如羊毛、蚕丝等，从纤维状结构的矿物岩石中提取的矿物纤维如石棉等。

化学纤维是以天然的或合成的高聚物以及无机物为原料，经过化学加工制成的纤维。其包括以天然高聚物为原料，经化学处理和机械加工而制成的再生纤维，常见的有再生纤维素纤维如黏胶纤维、铜氨纤维等，再生蛋白质纤维如酪素纤维、大豆纤维等；以及合成纤维，以石油、天然气、煤及农副产品为原料，由单体经过化合而成高聚物，再经加工制得，如尼龙、氨纶（莱卡）、腈纶等；还有无机纤维，以天然无机物或含碳高聚物为原料，经人工抽丝或碳化而成，如金属纤维、玻璃纤维、陶瓷纤维、碳纤维等，常用在复合材料中作为增强材料。

染织刺绣就是传统的纤维工艺，因此纤维工艺常常与女性联系在一起，这是由农业社会"男耕女织"的劳动分工带来的。今天纤维工艺的外沿要广泛得多，不仅包括传统意义上以实用为主的织物、挂毯等，还包括软雕塑、装置等。

纤细的纤维通常需要先制成半成品物料，再进行二次加工。

将纤维纺成纱线、织成织物，是纤维最基本的组织形式。纤细的经纬编织最容易组成平面，因此具有一定的绘画性。纺织技法多种多样，一般都是以经纬线横竖交织而成，或纱线彼此串套成圈而成。纺织过程中可以形成纹理和图案。

非织造布是不通过纺纱织造而形成物料的组织形式，也叫无纺布，是用机械、化学或物理的方式处理各种纤维原料，使之结合成型。如毛毡由羊毛或骆驼毛经湿、热、压合而成。纸也属于无纺纤维材料。

纤维工艺不仅包括处理纤维的工艺，也包括处理纤维制成的半成品物料的工艺，具体如下。

（1）编织

是将纤维或纤维状物料经过重复交叠的方式组成制品。一切机织物、针织物、织毯、竹编、绳结等工艺都属于此类。

机织物一般是由互相垂直的经纱和纬纱在织机上按一定规律纵横交错织成的制品。其基本组织有平纹、斜纹、缎纹三种。其他如灯芯绒、提花、织锦等都是以此为基础的变化或联合。可将丝线染色后进行色织，亦可夹入其他材料。针织物是由纱线按一定规律彼此相互串套成圈连接而成的制品，线圈是其基本结构单元。正是由于织物编织的规律性，使纺织成为最早工业化的传统产业。织物面料是服装的重要语言之一，亚历山大·麦昆（Alexander McQueen）1992年的作品《开膛手杰克悄悄走近他的受害者》（Jack the Ripper Stalks His Victims）（图3-54、图3-55），外层面料是印着带刺图案的粉色丝绸，内衬是封有人类头发的白色丝绸，用面料讲述1888年伦敦发生的一桩连续凶杀悬案。

毯子是较厚的织物，用来铺盖或悬挂装饰。波斯毯、新疆毯多用羊毛栽绒工艺，是以平纹组织为基础，在经线上拴线结的工艺。欧洲传统戈贝兰（Gobelin）壁毯的编织技

 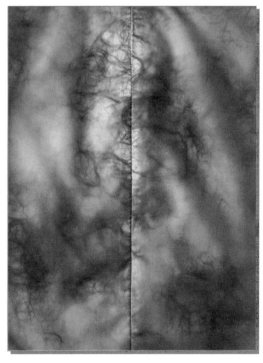

图3-54 开膛手杰克悄悄走近他的受害者　　　　图3-55 开膛手杰克悄悄走近
/Alexander McQueen　　　　　　　　　　　　　他的受害者细节

法与我国缂丝相似，都是采用通经回纬织法的平纹织物；区别在于使用的材料不同，缂丝以生丝为经线，彩色熟丝为纬线，戈贝兰一般多用棉麻为经线，彩色羊毛为纬线。正是由于壁毯的纯粹装饰性，和与绘画艺术的亲缘关系，20世纪初由壁毯艺术自然发展出现代纤维艺术。

今天看来，从前的提花编织技术其实就是一种图形信息存储技术，如同计算机的程序。编织走上数字化道路也顺理成章。奇奇·史密斯（Kiki Smith）设计的一系列挂毯就利用计算机数控编织，依循壁毯本身的语言安排画面，像是一个个古老的禁忌童谣（图3-56、图3-57）。

图3-56 地下/Kiki Smith

图3-57 天空/Kiki Smith

图3-58 花篮"东风"/饭冢琅玕斋

竹编是以竹篾为材料的编织工艺。竹篾具韧性，能够支撑自身。日本饭冢家族世代治竹，自明治时代，历经大正、昭和、平成时代，先后以初代凤斋（1851—1916）、二代凤斋（1872—1934）、琅玕斋（1890—1958）、小玕斋（1919—2004）为代表。尤其是饭冢琅玕斋（Lizuka Rokansai）的竹编作品，善于利用过去不被重视的竹材料，开创新的编织手法，不拘形式，以其杰出的造型能力，发挥竹材料的极限（图3-58）。

绳结是用一段或多段线绳，采用对角线交叉编织打结而形成的制品。传统中国结是个中翘楚，结型丰富多样，大部分结型以一根线编织完成，寓意美好。

（2）后整理工艺

纺织品的后整理工艺是指通过物理或化学方法，改变制品的外观，赋以色彩、形态，以及改善制品性能，使之不透水、不蛀、耐燃等。因此广义上后整理工艺包含一切"锦上添花"的工艺，如仿旧、磨毛、褶皱、刺绣、烂花、植绒、印染、涂层等。

刺绣是在织物上，以针引线，用绣线组织成图案的工艺。中国刺绣多用丝线，针法多种多样，肌理独特，作装饰图样，细腻精美；以画入绣，几乎可以复制任何一种绘画效果。王陶然和武文雯在一次性垃圾袋上刺绣莲花图案，廉价的垃圾袋和费时费工的刺绣、用来装垃圾的袋子和出淤泥而不染的荷花两相对比，产生了讽刺的对撞（图3-59）。

印染工艺有染色、防染、印花等。防染是一种采用包裹或覆盖等手段将物料部分区域遮挡起来，进而在染色完成后能得到花纹的染色方法，如扎染、蜡染等；印花则有木版印、铜版印、丝网印等。

涂层能够改善纤维物料的性能。最早的涂层是将橡胶液体涂抹在布上，制成防雨布。针对目前办公室空间防紫外线、防污、防潮、易清洗等的诉求，一贯擅长开发各种新型

图3-59 塞纳河上的莲花/王陶然和武文雯

图3-60 钢/Création Baumann

面料的瑞士设计公司创造宝曼（Création Baumann）出品了一系列金属涂层面料，具有代表性的是"钢"系列：在织物背面镀有钢涂层，在一定程度上防眩光和紫外线、阻燃、可清洗，并且根据编织密度不同，织物仍保有不同程度的透光性（图3-60）。

（3）剪裁与拼接

剪裁与拼接是片状纤维物料得以成型的基本方法。纤维物料通常可以直接剪裁，缝纫则是以针引连续的线穿过两片或多片物料的边缘，起到拼接作用。由于线也是纤维的一种，因而成为拼接纤维物料的主要方式。绗缝工艺是在有夹层的物料上缝制辑线，使夹层稳定，辑线外露，可以组成图案，极具拼贴意味。

桃瑞丝·沙尔塞朵（Doris Salcedo）的作品《不毛之地》（Unland）是在她与一些目击父母在哥伦比亚内战中被杀死的孤儿交谈之后制作的。她用头发将两张不同的半个桌子缝在一起，为此在桌子上钻了数千个细孔，缝纫的强迫介入性在此呈现无遗（图3-61、图3-62）。

图3-61 不毛之地/Doris Salcedo

图3-62　不毛之地细节

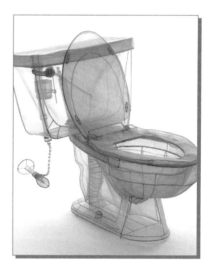

图3-63　完美之家Ⅲ细节/Do Ho Suh

徐道获（Do Ho Suh）用半透明的聚酯纤维材料缝制大型立体雕塑，百分之百地复制自己曾经居住过的房子里的每一个细节。纤维材料表现出的透明和柔软，像是记忆，又像是灵魂（图3-63）。

图3-64　天狼星B的访者/Paolo Del Toro

（4）无纺工艺

无纺纤维制品的代表是毛毡。质地密实的毛毡除了可像普通织物一样通过剪裁和缝纫成型外，还能够直接一体成型；羊毛纤维自身的结构特性使它毡化后互相紧密纠结，切割也不会导致其散开。现在人们也可以用化学纤维制毡。

保罗·德尔·托罗（Paolo Del Toro）用毛毡戳出来的巨大面具，耗费大量时间，制作精致，颇具趣味（图3-64）。

（5）包裹与填充

包裹看上去算不上是一种工艺，但它是独属于纤维物料的一种处理方法，因之柔软无定型，可以部分地呈现被包裹物的外形，随着填充物呈现或饱满或尖锐的状态。克里斯托（Christo）和珍妮·克劳德（Jeanne-Claude）的多件作品，都是用聚乙烯布将物体包裹。这种欲盖弥彰的遮盖是别的材料无法达到的（图3-65）。

（6）粘裱

纤维材料柔软无定型，但是结合胶性材料能够有一定的塑型能力，不依托他物而成型。品物流形公司出品的"飘"椅（图3-66），是一把使用余杭纸伞的裱糊工艺，用宣纸糊出来的椅子，本来纤弱的宣纸，在这样的工艺下，牢固度堪比实木，同时不加处理地保留了宣纸的表面质地，使椅子具有温暖的触感。

（7）装置

纤维可以成团，也可以延展，易于介入和占领场地，具有很好的互动性与暂时性，极适合用来做装置。纤维专业出身的安·汉密尔顿（Ann Hamilton）善于把握这些特质。她在第一届乌镇国际当代艺术邀请展做了一件装置：在剧场舞台之上，设一台织机，台

图3-65　包裹柏林议会大厦/Christo & Jeanne-Claude

图3-66　飘/品物流行公司

图3-67　唧唧复唧唧
/Ann Hamilton

下每张座椅上安置了一个线轴，一根根全部牵引到织机上成为经线，纬线则来自舞台对面的织工正在拆线的旧毛衣，伴随着织工的操纵，椅子上的线轴随着织机的牵引而转动，这就是"唧唧复唧唧"（again，still，yet）（图3-67）。

3.2　人工合成材料、新型材料与当代造物

3.2.1　材料作为一种设计语言

设计是基于实用目的的创造活动，是刻意为之，因此广义上可以包含一切人造物品。造物必然离不开物本身，也就是材料。材料使艺术设计得以以物质呈现出来。海德格尔在《林中路》中说："艺术作品中的物因素差不多像是一个屋基，那些别的东西和本真的东西就筑居于其上。"

语言是一种交流系统，是信息传递的媒介。语言的表达涵盖文字、语法结构、语音

声调，甚至动作表情等因素。我们所说的设计语言则是设计者用以表达的媒介，设计语言的表达包括功能、形式、材料、空间等因素。从这个角度看来，造物是一种对话，作品是设计语言的综合表达。设计者必然有一个预设的对话者，或是观看者，或是使用者，或是收藏者，或是自己，材料语言的功能就是通过材料将思想、理念传达给对方。

作为一种设计语言的材料，其范畴一直在不断扩大，从泥木石金等传统材料，到综合材料、现成品材料，以及人工合成及复合材料。简而言之，我们周围的一切都是材料。

装饰是传统手工艺人设计思考的一种表现，使用经年累月练就的精致手工艺对珍贵的材料进行精雕细琢，是价值观在造物上的反映，使材料的珍贵以及使用者的个性得以表现，这是较早的设计语言。

贡布里希在《秩序感》一书中说道："在各种手工艺的历史里，只要有可能，人们总是想要突破材料的限制，以检验人的智慧是否能战胜物质……我们也许不想让材料违背它的属性，不想把木头做得像花边，把刺绣做得像绘画，但是，手工艺人努力实现这些非凡转变的雄心，艺术史不能不记载。"

当工业化生产成为必然，"工艺美术运动"反对无效，路易斯·沙利文（Louis H.Sullivan）提出功能追随形式，在材料的使用上则要求设计忠实于材料本身，反映材料的真实状态和质感，而不是遮盖或伪装起来。工业生产需要更高的精度要求，包豪斯学院总结出一系列的设计原理、规则和方法，借助几何学和色彩分析获得必要的精确性，因而产生了新的设计语言（图3-68）。

19世纪末20世纪初的艺术家与设计师所追求的是新的形式语言与风格，之后很快就转变为对观念上的突破和创新。毕加索与杜尚是使用现成品作为材料的先驱，此后的艺术家与设计师热衷于发现新材料，使用令人意外的材料，不断挑战和超越材料限制，并趋向于对材料的

图3-68　盐罐/Benvenuto Cellini

观念性的认识，从观念出发去使用材料，揭示材料的非物质内涵，真正让材料自己说话，而不跟随功能、风格、题材、工艺。

（1）材料的质感语言

材料在作品中不仅给人以视觉感受，更重要的是触觉感受，以及嗅觉、听觉、量感等，这些都是材料的质感语言。这些感受综合起来形成的印象，使我们看到一块材料，就会产生联想。比如第一次拿起它时被锋利的边缘割伤了手，生锈的味道混合着血液的味道，伴随着它落地的尖锐声音，薄薄一卷却很有分量——这是铁皮。材料自有其质感，当我们忠实于材料本身进行设计：细细地压光一块半干的泥土，用锋利刀刃削出光滑木质的断面，一锤一锤地在金属表面敲打出纹理，连日持针缝纫的双手感受到有痛的快感，吃饭时捧在手里的瓷碗温润如玉，我们知道了材料的质感之美。

图3-69　悬挑椅/Marcel Breuer/1928

不同的材料有着不同的质感，材料的质感语言可以为设计赋能。我们很容易从粗糙的材质上感到艰涩沉重，从细腻的材质上感受到恬静柔和，并能感受到泥土包容、木质温暖、金属硬朗、玻璃清透、纤维柔和，这都是移情作用使材料给人带来的基本心理感受。实际上，由于不同材料的物理化学性质不同，其带给人的感受往往不同。比如木材导热慢，金属导热快，不管什么时候摸上去，木材都是温暖的，相比之下，金属则温度流失快，令人感到冰冷，这就是我们从材料中读到的信息。图中这两张悬挑椅一个使用的是钢管材料（图3-69），一个是模压胶合板材料（图3-70），同样是现代工艺典范，木质的明显更温暖，使人想放在家里，钢管椅则似乎更适

图3-70　悬挑椅/Alvar Aalto/1931

合办公室。

　　除了这些共有经验，不同的人对材料会有不同经验感受，这造就了独特的语言。比如大部分人都知道金属磨至很薄能伤人，并有切菜切到手的经验，但较少人有被薄纸割伤的经验，这就是纸比较独特的语言。

　　正是基于材料的不同性质，才有了不同的工艺。不同的材料使用相同或不同的工艺，能够产生无穷的变化。康斯坦丁·布朗库西（Constantin Brancusi）用自己的双手直接雕刻并打磨那些造型单纯的硬质材料雕塑，专注于少量的主题，尝试不同材料的表现，甚至以材料决定形式，创造了简洁至近乎抽象的雕塑形式，"不仅是艺术上的奇迹，也是工匠技艺的光辉典范"。

　　他的"波嘉妮小姐"系列第一件完成于1912年，最后一件完成于1933年。整个系列已知由三个版本、三种材料（石膏、大理石、青铜）共19件作品构成（图3-71、图3-72）。

图3-71　波嘉尼小姐I/Constantin Brancusi

（2）材料的文化属性

　　自然界中的材料，在不与人发生联系时是没有文化意义的。文化是人类精神活动的产物，是在较长的历史时间范围内、于一定的社会关系中形成并积累下来的。当自然材料被人所使用时，它才开始具有一定的文化属性，并渐渐附带了价值、象征、隐喻等信息。譬如桃木常被制成木剑悬挂在家中，因为桃木被道家认为是辟邪之物。还有铜臭味被用于说一个人唯利是图，因为铜常

图3-72　波嘉尼小姐Ⅲ/Constantin Brancusi

图3-73　黄金使人盲目/Otto Kunzli

被用来铸钱，此时一个材料的味道被赋予了一定语义。这就是材料的文化属性语言。

奥托·昆泽里（Otto Kunzli）的作品《黄金使人盲目》（Gold Makes You Blind）（图3-73），将一个纯金的球塞在一段黑色的橡胶管里，从外表上，只能看到凸起的球状物，无法得知那是不是一粒金球。黄金材料的性质被掩盖。传统黄金首饰最大的作用其实是保值。正是对于材料的价值性思考，促使他遮去了这一特点。此时这枚金戒指就像"薛定谔的猫"一样不可知。

在作品中对于任何材料的选择和处理，都在一定程度上涉及了文化属性，带有作者对于传统精神和自我观念的解释。于是，观念借此存在于材料之中，存在于作者对于材料的理解与处理之中。

材料的变化代表着世界的变化，征服材料使人感到征服世界。像金属、玻璃、陶瓷、木材这样的传统材料本身已经包含着很多不言自明的信息，而工业生产所带来的新材料所包含的信息相对较少，但新材料将在我们的设计活动中不断被创造出新的语言，同时我们也会被材料所影响。

用材料语言表达的过程，就是在与物质世界建立联系的过程。

3.2.2 塑料与树脂类

塑料一词涵盖了许多材料，全都是以有机高分子为主要成分的固态可塑形材料，也就是以碳为基础的化合物。一般我们所说的塑料通常是指人工合成塑料，原始材料主要是化石能源，主要组成成分是合成树脂。天然树脂是动植物分泌的脂质，如松香、琥珀、虫胶等。合成树脂则是人工合成的有机高分子化合物，树脂成分在塑料中占比40%～100%。有些合成树脂可以单独制成成型塑料制品，如有机玻璃；有些则必须加入一些添加剂才能塑造成成型塑料制品，这些添加剂有填料、增塑剂、稳定剂、着色剂、发泡剂、润滑剂等。塑料的基本性能主要取决于树脂的基本性能。

塑料的普遍优点是质轻、绝缘、耐腐蚀性好、比强度高、易加工成型。塑料的品种

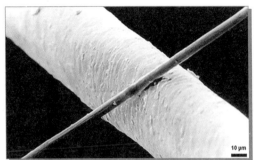

图3-89　显微镜下的碳纤维束　　　　　　图3-90　显微镜下的碳纤维原丝和头发

图3-91　碳纤维丝　　　　　　　　　　　图3-92　碳纤维布（单向）

图3-93　碳纤维布（双向）　　　　图3-94　碳纤维管　　　　图3-95　碳纤维板

图3-96 碳纤维布应用于建筑补强

图3-97 碳纤维跑车

三菱丽阳（Mitsubishi Rayon）、东邦（Toho），美国赫氏（Hexcel）、卓尔泰克（Zoltec），德国西格里（SGL）等。我国碳纤维的生产集中在低端产品，国内用量的80%以上靠进口，高端产品市场甚至达到95%。

碳纤维除应用于航天航空、建筑补强、汽车、体育用品等主要领域外，在轨道交通、电力输送、海洋工程、石油开采、压力容器等领域也有极高的应用价值和广阔的应用前景（图3-96～图3-100）。

（2）碳纤维复合材料产品制作工艺

正如上一节中所见，碳纤维有广泛的应用范围，支撑它的正是趋于完善的制作工艺。下面将介绍碳纤维复合材料产品的三种主要成型工艺——模压成型、手糊成型和湿法缠绕成型。纤维复合材

图3-98 碳纤维体育用品

图3-99 碳纤维头盔

图3-100 碳纤维应用于螺旋桨制造

料一般使用热固性树脂定型，如环氧树脂、聚酯、乙烯酯，树脂充分浸润纤维，彼此形成类似于混凝土和钢筋的关系，制造者可以通过改变树脂的品种、与纤维的比例、浸润程度、固化温度和时间来控制复合材料最终的强度和韧性。

模压成型主要应用于纤维布或者短切丝，将预浸树脂的材料放入金属模具中，加压使多余的树脂溢出，最后高温固化成型脱模，适用于大批量工业产品和对表面、标准度有要求的产品生产。

手糊成型工艺与玻璃钢成型工艺类似，需要制作玻璃钢或石膏模具，模具使用寿命短，需要经常维护。制作时，在模具上喷脱模剂和胶衣❶，敷多层纤维布并刷树脂，经抽真空后进入热压罐固化，脱模得到粗坯，再对表面进行打磨处理。这两种成型方法尤其是手糊成型大量应用于汽车改装、表面装饰等。

将碳纤维浸渍树脂胶后，直接缠绕到芯模或者内衬上，然后再经固化成型的方法称为湿法缠绕成型工艺，适用于制作圆柱体和空心器皿。

图3-101　高迪凳子/Bram Geenen

（3）碳纤维设计案例

碳纤维使用在产品上最常见的如球拍、鱼竿、自行车架、跑车车架等，都是利用了其质轻而坚韧的特点，这里实例众多，不胜枚举。家居产品使用碳纤维相对稀少，受制于制造工艺复杂和造价高昂，其中大部分都作为艺术创作或材料试验而存在。纤维材料纤薄，可编织、扭曲的特点可以构成其他材料不易达到的视觉和使用效果。使用碳纤维面材和线材制作的家具实物以桌椅为主，碳纤构件在产品中起补强作用（图3-101～图3-105）。

图3-102　涂蓝的椅子/Adele Cassina

---

❶胶衣的主要作用是对玻璃钢制品的表面进行装饰和对结构层进行保护。

图3-103　Shigeru Ban以碳纤维包覆铝材框架设计的椅子

图3-104　Driade Oscar Bon碳纤维椅/Philippe
Starck

图3-105　旋转长凳/Mathias Bengtsson

图3-106　纤维缠绕凳子/Moorhead & Moorhead

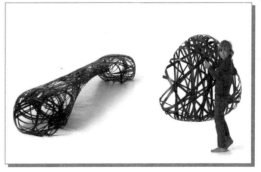

图3-107　C-bench & C-stone/Peter Donders

碳纤维丝使用在家居产品上的实例有比利时设计工作室Moorhead & Moorhead设计的 Filament Wound Stool（纤维缠绕凳子，图3-106）、设计师Peter Donders的C-bench & C-stone（图3-107）等。作室外家具使用时，它们防水、通透轻薄的特点往往使其和周围环境融为一体，更多的时候，它们更像装置或雕塑，给整体环境增加现代气息。

　　近年来，凭借参数化软件以及机器手臂的辅助，设计师们可以完成更大体量、更复杂形态的作品，不断探索这一材料丰富的表现性。斯图加特大学计算设计研究所（ICD）和建筑结构与结构设计研究所（ITKE）通过参数化计算和机器人，用碳纤维和玻璃纤维复合材料制作了一个亭子装置，装置直径8m，高3.5m，总重量却不到320kg（图3-108）。荷兰女设计师Marleen Kaptein与荷兰航空航天中心（NLR）合作，利用回收碳纤维丝和纤维铺设机器人制作了回收碳椅（Recycled Carbon Chair），独特的纤维纹路形成美妙的装饰效果（图3-109）。

图3-108　亭子装置/ICD & ITKE

图3-109　回收碳椅/Marleen Kaptein & NLR

　　与碳纤维同属于树脂基底增强纤维材料的还有玻璃纤维、聚乙烯纤维❶、芳纶纤维❷、PBO纤维❸、硼纤维❹等。它们物理特性各异，但成型工艺与碳纤维类似，在此不再赘述。现今，先进复合材料（ACM）的开发与应用将进入飞速发展的时期，为工业制造和艺术创作提供了无限的可能性。

---

　　❶ 超高相对分子质量聚乙烯纤维是目前比强度最高的有机纤维。在高强度纤维中，它的耐动态疲劳性能和耐磨性能最高，耐冲击性能和耐化学药品性也很好，目前主要应用于制备耐超低温、负膨胀系数、低摩擦系数和高绝缘等性能较高的制品。

　　❷ 芳纶纤维具有耐高温、高强度和高模量和低相对密度（1.39～1.44kg/m³）的特性。但是芳纶纤维耐酸性、耐碱性和耐化学介质的能力较差。不同种类的芳纶纤维具有不同的特性。

　　❸ PBO纤维具有优异的力学性能和耐高温性能，其没有熔点，分解温度高达670℃，可在300℃下长期使用，是迄今为止耐热性最好的有机纤维。

　　❹ 硼纤维作为复合材料增强纤维，主要用途是制造对重量和刚度要求高的航空、航天飞行器的部件。

3.2.4　可持续发展观下的当代造物

无需否认，工业革命以来的一百多年时间里，人类的生活发生了大量积极的变化，如粮食产量提高、用电普及、通信互联等。技术进步拓展了人类的潜能，为人类创造了现代生活方式和生活环境，人类拥有了改变地球的能力。

工业革命起始于英格兰的纺织业，机械设备的发明，使生产水平以惊人的速度提高；福特汽车发明了装配流水线，标准化、集中化的生产模式降低了生产成本；铁路和轮船的发明使产品能够走得更快、更远。然而这些都依赖于自然界中似乎取之不尽的资源，如矿石、木材、水、煤炭、土地等。工厂不断地消耗资源，同时把废料倾倒在水里，把烟气排放到空中，以至于工厂的符号就是冒着滚滚浓烟的烟囱。很快，城市变得巨大而肮脏，地球的生态平衡遭到了破坏。

面对着全球变暖、森林减少、污染严重、废弃物增多的现实，人类认识到必须改变同自然环境的关系。基于这一点，世界环境与发展委员会（World Commission on Environment and Development）1987年提出了被誉为人类可持续发展的第一个国际性宣言——《我们共同的未来》。报告描述了可持续发展的概念："满足当代人需要又不损害后代人需要的发展。"

这一表述是简单而又复杂的，我们也许认同可持续发展所表达的一般含义，但是，再继续谈到细节，人们可能就要开始争吵了。生态的重要性促使设计师们开始重新思考设计的职责与作用。设计师力图通过设计活动，引导人类可持续发展，平衡当前利益与未来利益。这是设计观念上的重大转变，体现了设计师的职业道德和社会责任心。

传统的设计标准是成本、美观和性能，而商家之所以支持生产，是因为经济价值，这是可持续的必要条件，但同时伴随着对社会公平和环境可持续关注的不足。比如品牌商们不断生产着一季一季的服装，产品最初设计的时候就隐含着过时的因素，他们鼓励消费者扔掉旧的购买新的，甚至有计划地废止。而物品使用没多久就被丢弃，在某种意义上，生产、包装、运输这些物品的过程中所消耗的资源和能量也被丢弃了。与此同时，我们还面临大量的人口增长，以及随之而来的需求。当基本的经济效益未能达到时，人们并不想关注环境，在发展中国家，人们往往更多地关注基本需求，只有在基本需求得到满足时，才会转向更高的需求，即所谓的"先污染，后治理"。但是最终，人们会明白，可持续发展需要健康发展的经济，而可持续的经济也只有在健康多样的自然环境中才可能存在。

1992年，生态效率这一概念被可持续发展商务委员会（Business Council for Sustainable Development）正式提出。这其中包含最著名的3R理念，即减量（Reduce）、再生（Reuse）、回收（Recycle）。减量化原则是生态效率理念的核心原则，具体方式有削减有毒污染物的生产或排放、降低原材料的使用、减少产品的尺寸等。这些措施应该是有效的，至少放慢了资源消耗和环境破坏的速度，毕竟也许唯一真正可持续发展的方式是不再消费、不再生产。

至于当下的回收，大多是一种降级循环，这种回收会降低材料的品质，因为比原来的材料性能差，常常需要添加更多的化学物质以再次提高材料的可用性。例如热塑性塑料产品回收后只能够被制成廉价的不规则形状的产品如公园长椅，而不能再次成为原来的产品，更不能被降解回大自然。

威廉·麦克唐纳（William McDonough）和迈克尔·布朗嘉特（Michael Braungart）在《从摇篮到摇篮——循环经济设计之探索》一书中提供了一种"樱桃树"的设计方法，严格进行完全不使用有害物质的生产，从源头使所有产品能够进入生态循环。这固然是一个难以全面实施的方式，不妨将其视作是一个端点的标杆。

可持续发展如果想要实现一种社会性的改变，就不能局限于环保结果。资源无疑是有限的，消费与生产当然也会持续下去，生产仍然要满足人类自身的需要。可持续要求我们同时保持清洁的环境和繁荣的经济，如果补偿环境的代价超过了某一项目的经济价值，这个项目依然是不可持续的。可持续发展要求我们把自然资源看作可以用于投资的资本，而不把自然作为资源加以利用，以做到社会公平和代际公平，"满足当代人需要又不损害后代人需要的发展"。

可持续设计，就是一种在经济、环境、社会三个要素上制衡的设计方法，一种构建可持续解决方案的策略设计活动，从根本上反思我们评估与使用资源和能量的方式、产品起作用的方式，以及我们给品质下定义的方式。简言之，从可持续价值观的角度去思考设计。

可持续设计并没有一个可供参考的标准，因为我们正在试图建立一个新的模式。可持续设计的表现形式在不同的项目、不同的地点、不同的时间都可能有很大的区别，单一的解决方案无法应对世界的多样性。下面举的案例在各方面都具有一定代表性。

斯图尔特·海加思（Stuart Haygarth）2007年设计的枝形吊灯（Optical Chandelier，图3-110），由超过4500个废弃的装配眼镜镜片组成，围绕着中心的一个灯泡形成迪斯科镜球般的球形，光线经过层层折射透出，垃圾也能够如此美丽。他还制作了一系列由海边拾得的垃圾制作的枝形吊灯。清洗干净的塑料没有经过转化就达成了回收再利用，此时"少就是多"具有了新的含义。

我们知道，太阳能是取之不尽且清洁的能源。自2005年开始肯尼迪和维奥里奇（Kennedy & Violich）建筑事务所开展了一项便携式照明设计项目，目的是为发展中国家的人们提供利于日常生活的可再生能源照明。例如在与墨西哥山区游牧民族的合作中，为其提供相关套件和培训，教他们将LED灯与光伏材料以及电池编入纤维布料，这些灯具可以在白天储存太阳能，夜晚发出足够日常所需的光（图3-111）。

设计的过度商业化，使设计成了鼓励人们无节制消费的重要介质。一些太耐用的物品会妨碍新产品的销售，为此甚至出现"有计划的商品废止制"，大量产品被抛弃，成为废物。马蒂诺·甘佩尔（Martino Gamper）在2006至2007年发起一个设计项目——"100天的100把座椅"（100 Chairs in 100 Days，图3-112），利用在100天内用从伦敦街头以及朋友家收来的废弃椅子，每天制作一把，要求每把椅子独一无二。这个项目的象征意义

图3-110　枝形吊灯/Stuart Haygarth

图3-111　可再生能源照明项目/Kennedy & Violich

也许大于实际意义，既是设计作品，也是艺术思考，不仅在于废物再利用，也是惯常物品的解构与重置，是反常、诗意和幽默的混合体。

蜜蜂被认为是大自然中最勤劳的"工人"。托马什·加兹迪尔·利贝蒂尼（Tomáš Gabzdil Libertiny）从2005年开始利用蜜蜂制造产品，先用蜂蜡片制作一个花瓶形态，放入蜂巢一个星期，由4万只蜜蜂花一个星期构筑这只蜂巢花瓶（The Honeycomb Vase，图3-113），被认为是"从摇篮到摇篮"的生产模式的代表。

服装产业向来浪费严重，快产快销的行业模式要求品牌一年几度推出新款，大多数织物的生产不环保、服装使用率越来越低等不一而足。三宅一生（Issey Miyake）的"褶皱"系列，需要使用纸张辅助布料打褶，布料成型后纸张就被扔掉，造成远比衣服更多的纸张被扔掉。2008年，能度（Nendo）公司用这些纸设计了卷心菜椅子（Cabbage Chair，图3-114），一层层的纸紧紧卷成一个圆柱体，在中间裁开一半，一层层剥出椅

图3-112　100天的100把椅子/Martino Gamper

图3-113　蜂巢花瓶/Tomáš Gabzdil Libertiny

图3-114　卷心菜椅子/Nendo

子的形状，没有任何其他支撑物，使用单一材料且没有剪裁浪费，积极地回应了可持续问题。

　　世界上大半的软木都出自葡萄牙产的栓皮栎树。这种树在树皮被采剥之后不会死亡，9年后可再次采剥，是天然的可再生资源。最好的软木向来是用作上好的葡萄酒瓶塞子。

图3-115　Corks/Jasper Morrison

图3-116　手工制作的竹碗/EKOBO

2019年设计师贾斯珀·莫里森（Jasper Morrison）展示了他用软木制作的系列家具（Corks，图3-115），发掘出这种不常用于家具制作的材料的美，它质量轻、防火防水、防腐防虫、触感柔和且富有弹性。

竹子是地球上生长最快的植物，成材时间短，可自然再生、轻盈、耐久且强度高，是很好的可持续材料。埃科博（EKOBO）公司致力于生产竹制品，图3-116这款竹碗由越南工匠全手工制作，手工打磨、传统髹漆，甚至包装也采用的是再生纸，运输过程中不使用塑料袋，保证了整条生产链的完全环保。

我们的物质世界由工业化的产品所构成，设计已由单一的产品设计发展成为现代生活环境设计。荷兰的塞莱克斯·多米尼加书店（Selexyz Dominicanen Bookstore，图3-117）是一栋13世纪的教堂改造而成的，由Merkx+Girod建筑事务所于2007年完成。改造项目未经

图3-117　塞莱克斯·多米尼加书店

拆除和重建，钢结构的书架墙落落大方地放在中间，每样物品都可以被移走，现代空调等设备则放在地下室，做到了对建筑物最小的打扰。这不仅仅是出于保护古建筑的原因，更是以可持续、无污染为目标的设计，最终的效果无疑是成功的。

如上所述，要系统地解决人类面临的环境问题，需要从更加广泛、系统的观念上来加以改变：开发持久性能源及工程技术、建立持久的生活消费方式、建立可持续社区等。判定一个设计是不是可持续的，往往只能靠时间。尽管如此，我们依然需要回答这个问题。

3.3.5　新型材料为造物带来的可能性

人类文明发展史就是一部材料的发展史。从石器时代、青铜器时代、铁器时代，直到目前的信息时代，我们把历史用材料来划分和命名，不仅标志着一个相应经济发展的历史时期，也侧面说明了材料革新在人类文明进程中的重要性。每一次新材料的发明或发现，每一项新材料技术的应用，都会爆发新一轮灵感，开辟新的广阔领域，引起生产力的大发展，给社会生产和人民生活带来巨大改变，使人们对客观世界的认识产生飞跃。

旧石器时代的人类只能使用简单加工的天然材料，恩格斯把陶器的出现称为新石器时代开始的标志，通过冶炼烧结等方法制成新材料，是材料使用的重要突破。金属材料的出现表明了人们获取高温和耐火材料的技术达到了一个新的高度。青铜器显赫一时，不久即被性能更优越、加工更容易、资源更丰富的铁器所取代。19世纪发展起来的现代钢铁材料，推动了制造工业的飞速发展。近半个多世纪以来，通过化学合成方法从石油、天然气和煤等矿物资源中提炼出来的高分子材料如雨后春笋，并向着高性能化、功能化、复合化的方向发展，最终进入光电信息、现代生物医学等高新技术领域。20世纪50年代以锗、硅单晶材料为基础的半导体器件和集成电路技术的突破，导致了一场电子工业革命，人类社会跨入了信息时代，个人电脑、办公室自动化、多信道卫星广播与通信等被广泛应用。

今天所说的新材料，通常是指新出现的或正在发展中的、具有传统材料所不具备的优异性能和特殊功能的材料。

同传统材料一样，新材料可以从结构组成、功能和应用领域等方面进行分类，不同的分类之间又相互交叉和嵌套。一般按应用领域可分为电子信息材料、新能源材料、纳米材料、先进复合材料、先进陶瓷材料、生态环境材料、新型高分子功能材料、高性能结构材料、智能材料、新型建筑及化工材料等。

新技术与新材料同步产生。艺术设计历来受科技进步的影响，主要就体现在材料学和工艺学等相关的成果上。正是金属的冶炼、铸造、焊接、镶嵌等技术，造就了商周青铜艺术。近代科技的推进，从材料加工和成品体量方面创造了新的条件，开拓了前人难以设想的局面，出现了大量的新技术、新材料。通过材料的设计及其性能预测，设计师们在一定程度上能够摆脱自然资源的束缚。

当前，全世界的材料总数约有50多万种，而新型材料每年都在递增，往往新材料的诞生或发现都会为设计实施的可行性创造条件，并对设计提出更高的要求，激励着设计师们探索新的形式，带来新的功能、结构、形态，引发新的风格，促成新的设计语言的诞生。

比如标志着电子技术革命的晶体管的发明，使得大规模集成电路成为可能，使许多产品能以很小的尺寸来实现其先前的功能，如此设计师们在产品外观上就有了更多的发挥余地，这也引起了工业产品的小型化浪潮。

1946年，伊姆斯及其妻子在洛杉矶设立了自己的工作室，成功地进行了一系列新结构和新材料的试验，主要致力于机制木材如胶合板、层积木等新材料成形技术的研究，并制作出整体成形的椅子，这些产品沿用至今。

自从1945年第一台电子计算机出现以来，人们就一直致力于用它辅助设计活动。其快捷、精确，便于储存、交流和修改的特点，大大提高了设计的效率。今天的设计师用计算机来绘制设计图，用3D打印技术来替代油泥模型，设计的方式发生了根本性的变化。

材料的进步推动了生产技术的发展，生产技术的发展又对材料提出更高的要求。原子能工业需要耐腐蚀和耐辐射的新材料，电子工业需要超纯、特薄、特细、特均匀的电子材料，海洋开发需要耐腐蚀和耐高压的材料等。从某种程度上说，创新就是对材料提出更高的要求。

复合材料的出现就是基于这样的要求，将两种或两种以上的材料经过复合制成，不同材料在性能上取长补短，产生协同效应，使复合材料的综合性能优于原组成材料。广泛用于制造各种运动用具、管道、船、汽车、电子产品的外壳和印刷电路板的玻璃钢，就是一种以环氧树脂为基质，以玻璃纤维、碳纤维等抗拉强度高的人造纤维为增强材料的复合材料，它有着轻便、耐腐蚀、抗老化、防水防潮及绝缘等优点。

新材料也包括对传统材料的非传统处理方式，例如纳米材料，是指在三维空间中至少有一维处于纳米尺度（1～100nm）或由它们作为基本单元构成的材料。当材料处于纳米尺度时，材料的某些性能发生突变，例如熔点、磁性、光学、导热导电性等，往往不同于该物质在整体状态时所表现的性质。纳米材料使人们对物质的认识又向前迈进了一大步，开辟了一个崭新的天地。

源于建筑和大型工程的混凝土，加入聚苯乙烯微粒、陶粒、木屑等可制成轻型混凝土，加入玻璃纤维可增加混凝土的刚性。在进行了这样的轻量化和纤维化的改变之后，新型混凝土能够用于制作家具和单件物品。弗朗切斯科·帕萨尼蒂（Francesco Passaniti）甚至将光纤嵌入混凝土，制成桌面，产生奇妙的效果。

新材料最初往往被用来作为已有材料的替代品，渐渐地才被发现其自身的性格。不同的材料以及工艺反映了不同的人民生活方式、社会生产水平，以及不同的审美和语言。每一块材料都包含着信息，像木头这样的传统材料本身已经包含着很多信息，而新材料所包含的信息相对较少。每一种新材料都需要漫长的时间来生长出它的物质文化意义。

材料就是一切，我们由材料构成，我们所在的空间也由材料构成，包括作为材料现象的光和电，包括同样是材料产物的思想情感。无疑，我们处在一个复杂的材料世界。

新材料和新技术层出不穷，新的材料带来新的视觉体验、思想体验。有时候，我们对于新材料的许多特质，还不知道如何利用，我们要做的就是熟知更多的材料语言，以及用这些语言来表达。只有真正使用材料，才是理解材料的有效方法。

参 考 文 献

[1] [法]阿格尼丝·赞伯尼.材料与设计.王小荣,马骞,译.北京:中国轻工业出版社,2016.

[2] 中央工艺美术学院.中国工艺美术简史.北京:人民美术出版社,1983.

[3] 张夫也.外国工艺美术史.北京:中央编译出版社,2003.

[4] 赵彦钊,殷海荣.玻璃工艺学.北京:化学工业出版社,2010.

[5] [英]哈里·费瑟儿.陶瓷制作常见问题和解救方法.王霞,译.上海:上海科学技术出版社,2014.

[6] [英]安东尼·奎因.英国陶艺设计基础教程.沈少雩,译.上海:上海人民美术出版社,2008.

[7] 徐利华.陶瓷坯釉料制备技术.北京:中国轻工业出版社,2012.

[8] 吕波.陶艺制作.北京:人民美术出版社,2010.

[9] 徐有明.木材学.北京:中国林业出版社,2006.

[10] 于伟东.纺织材料学.北京:中国纺织出版社,2006.

[11] 姜然,白鑫.纤维艺术设计.北京:清华大学出版社,2017.

[12] 朱尽晖.现代纤维艺术设计.西安:陕西人民美术出版社,2009.

[13] [英]E·H·贡布里希.秩序感——装饰艺术的心理学研究.杨思梁,徐一维,范景中,译.南宁:广西美术出版社,2015.

[14] 袁熙旸.非典型设计史.北京:北京大学出版社,2015.

[15] [美]威廉·麦克唐纳,[德]迈克尔·布朗嘉特.从摇篮到摇篮——循环经济设计之探索.中国21世纪议程管理中心,中美可持续发展中心,译.上海:同济大学出版社,2005.

[16] [美]汤姆·拉斯.可持续性与设计伦理.徐春美,译.重庆:重庆大学出版社,2016.

[17] [英]马库斯·菲尔斯.绿色设计——21世纪的创造性可持续设计.滕学荣,译.北京:中国建筑工业出版社,2016.

[18] [意]艾佐·曼梓尼.持续之道——中国可持续生活模式的设计与探讨.梁町,译.广州:岭南美术出版社,2006.

[19] 左铁镛.新型材料——人类文明进步的阶梯.北京:化学工业出版社,2002.

[20] [英]马克·米奥多尼克.迷人的材料.赖盈满,译.北京:北京联合出版公司,2015.

[21] 杭间.手艺的思想.济南:山东画报出版社,2017.